现代环境化学
原理及其环境污染治理研究

周曾艳　著

吉林科学技术出版社

图书在版编目（CIP）数据

现代环境化学原理及其环境污染治理研究 / 周曾艳
著 . -- 长春：吉林科学技术出版社，2019.12
ISBN 978-7-5578-6157-5

Ⅰ．①现… Ⅱ．①周… Ⅲ．①环境化学－理论②
环境污染－污染防治－研究 Ⅳ．① X13 ② X5

中国版本图书馆 CIP 数据核字（2019）第 232699 号

现代环境化学原理及其环境污染治理研究

著　　者　周曾艳

出 版 人　李　梁

责任编辑　端金香

封面设计　刘　华

制　　版　王　朋

开　　本　185mm×260mm

字　　数　220 千字

印　　张　10

版　　次　2019 年 12 月第 1 版

印　　次　2019 年 12 月第 1 次印刷

出　　版　吉林科学技术出版社

发　　行　吉林科学技术出版社

地　　址　长春市福祉大路 5788 号出版集团 A 座

邮　　编　130118

发行部电话 / 传真　0431—81629529　　81629530　　81629531
　　　　　　　　　　　81629532　　81629533　　81629534

储运部电话　0431—86059116

编辑部电话　0431—81629517

网　　址　www.jlstp.net

印　　刷　北京宝莲鸿图科技有限公司

书　　号　ISBN 978-7-5578-6157-5

定　　价　55.00 元

前　言

从远古到现在，随着人类社会的发展，环境的破坏也随之发生。在不同的历史阶段，由于人类改造环境的水平不同，环境问题的类型、影响范围和危害程度也不尽相同。

环境化学是研究环境化学物质在环境介质中的存在、特性、行为和效应及其控制的化学原理和方法的科学。随着人类对环境问题认识的深入和适应社会可持续发展的需求，环境化学不断面临新的挑战。中国在经济和社会迅速发展的同时也面临着新的挑战。环境、资源问题被列为制约中国社会经济可持续发展的几大重要问题之一。环境的不断恶化使环境化学的研究和发展受到广泛的重视。

全书共七章。第一章为绪论，主要阐述了环境的定义与环境问题、环境污染与环境污染物以及环境科学与环境化学和环境化学的发展概况等内容；第二章为现代水环境化学原理，主要阐述了天然水的组成与性质、水体中的主要污染物、有机污染物的迁移转化以及无机污染物的迁移转化和水环境化学的新进展等内容；第三章为现代大气环境化学原理，主要阐述了大气的组成与结构、大气中的主要污染物、大气中污染物的迁移以及大气中污染物的转化和大气环境化学的新进展等内容；第四章为现代土壤环境化学原理，主要阐述了土壤的组成与性质、土壤中的主要污染物以及土壤中污染物的迁移转化和土壤环境化学的新进展等内容；第五章为现代生物环境化学原理，主要阐述了生物的组成与分类和污染物在生物体内的迁移转化等内容；第六章为污染控制与受污染环境的治理，主要阐述了物理化学技术、水处理中化学氧化技术原理及应用以及环境污染修复技术等内容；第七章为新时期绿色化学与可持续发展，主要阐述了绿色化学、清洁生产以及可持续发展战略和环境保护的发展趋势等内容。

为了确保研究内容的丰富性和多样性，在写作过程中参考了大量关于环境化学和环境污染治理的理论与研究文献，在此向涉及的专家学者们表示衷心的感谢。

最后，限于作者水平有限，加之时间仓促，本书难免存在疏漏和不足，在此，恳请同行专家和读者朋友批评指正！

目　录

第一章 绪 论

环境是相对于中心事物而言的，和某一中心事物有关的周围事物都是这个中心事物的环境。在环境科学中，中心事物是人类，除人类之外的事物都被视为环境，因此，环境就包括人类赖以生存和发展的自然环境和人类创造的社会环境，是两者的综合体。本章主要从环境与环境问题、环境污染与环境污染物以及环境科学与环境化学等方面展开深入研究。

第一节 环境与环境问题

一、环境

《中华人民共和国环境保护法》把环境定义为："影响人类生存和发展的各种天然的和经过人工改造的自然因素的总体，包括大气、水、海洋、土地、矿藏、森林、草原、湿地、野生生物、自然遗迹、人文遗迹、自然保护区、风景名胜区、城市和乡村等。"

人类生存的自然环境由大气、水、土壤、阳光和各种生物组成，在环境科学中通常把它们描述成大气圈、水圈、岩石圈和生物圈。四个圈层在太阳能的作用下不断地进行着物质的循环和能量的流动，为人类的出现奠定了基础。人类在生存斗争的过程中开始了改造自然环境的活动。社会环境就是人类在改造自然环境的过程中形成的人工环境。社会环境是人类物质文明和精神文明的标志，并随着人类社会的发展而不断地变化。人类从自然界获取资源，通过生产和消费参与自然环境的物质循环和能量流动，不断地改变着自然环境和社会环境。人类和环境进入了相互依存和相互作用的新阶段。

二、环境问题的产生与发展

环境问题是指由于人类活动或自然因素使环境发生不利于人类生存和发展的变化，对人类的生产、生活和健康产生影响的问题。自然环境问题如洪水、干旱、风暴、地震等，人类难以阻止，但可以采取措施减少其不利影响。人类在利用和改造自然的活动中，由于认识能力和科学水平的限制，使大气、水体、土壤等自然环境受到大规模破坏，生态平衡受到日益严重的干扰。正如恩格斯所说："我们不要过分陶醉于我们对自然界的胜利。对于每一次这样的胜利，自然界都报复了我们。每一次胜利，在第一步都确实取得了我们预期的结果，但是在第二步和第三步却有了完全不同的、出乎预料的影响，常常把第一个结果又取消了。"环境科学所研究的环境问题，就是人类对自然环境的"胜利"和自然环境对人类的"报复"。

（一）早期环境问题

大约 170 万年前，从人类利用火开始，伴随着工具的制造，人类征服自然的能力一步一步在提高。当时，由于用火不慎，火灾时有发生。人类过度狩猎，使生物资源不断减少，人类生存地的生态平衡遭到破坏，不得不迁往其他地方寻找新的定居点。由于当时人口数量少，活动范围小，人类对自然环境的破坏能力也小。地球生态系统有足够的能力进行自我恢复。

随着农业和畜牧业的发展，出现了第一次人口膨胀，人类改变自然的能力越来越大，相应的环境问题也应运而生。农业革命时期，人们毁林毁草，过度放牧，引起草原退化，水土流失，土壤盐渍化，引发严重的地区性生态环境破坏，造成许多古代文明的衰落。发源于美索不达米亚平原的古巴比伦文明和创建于中美低地热带雨林的玛雅文明，都是因为农业的发展不当而消失的。诞生于尼罗河的古埃及文明和发祥于印度河流域的古印度文明也是由于片面发展农业引起生态环境失衡而衰落的。中华民族的发源地——黄河流域，在 4000 年前，森林茂密，水草丰盛，气候温和，土地肥沃。由于大面积森林遭到砍伐，水土流失加剧，宋代黄河的含沙量已达 50%，明代为 60%，清代增加到 70%，形成了悬河，给中华民族带来了很大的灾难。

（二）近现代环境问题

1. 20 世纪五六十年代的"八大公害事件"

从上述内容可以看出，早期的环境问题主要是生态的破坏。18 世纪工业革命后，由于生产力迅速发展，机器广泛使用，在人类创造了大量财富的同时也造成了大气、水体、土壤环境要素的污染和噪声的出现。19 世纪下半叶，世界最大工业中心之一的伦敦曾多次发生因排放煤烟引起的严重的烟雾事件，每次都有数百人死亡。20 世纪以来，特别是第二次世界大战后，社会生产力和科学技术突飞猛进，工业现代化和城市现代化使工业过分集中，人口数量急剧膨胀，对环境形成巨大的压力。环境污染随着工业化的不断发展而深入，从点源污染扩大到区域性污染和多因素污染，最终引起 20 世纪五六十年代第一次环境问题的爆发。

20 世纪五六十年代，在工业发达的国家，"公害事件"层出不穷，导致成千上万人患病，甚至有不少人丧生。其中，最引人注目的就是"世界八大公害事件"。

（1）"马斯河谷烟雾事件"

1930 年 12 月 1～5 日，比利时马斯河谷工业区发生了持续 5 天的由燃煤有害气体和粉尘污染引起的烟雾事件。马斯河两侧高山矗立，许多重型工厂如炼焦、炼钢、电力、玻璃、炼锌、硫酸、化肥厂等鳞次栉比地分布在长 24 km 的河谷地带。1930 年 12 月初，这里气候反常，出现逆温层，整个工业区被烟雾覆盖，工厂排出的有害气体在靠近地面的浓雾层中积累。从第 3 天起，有几千人发生呼吸道疾病，不同年龄的人开始出现流泪、喉痛、声嘶、咳嗽、呼吸短促、胸口窒闷、恶心、呕吐等症状，有 60 人死亡，大多数是心脏病和肺病患者，同时大批家畜死亡。尸体解剖证实，刺激性化学物质二氧化硫损害呼吸道内壁是致死的主要原因。当时大气中二氧化硫的浓度为 25 ~ 100 mg/m³，再加上空气中的氮氧化物和金属氧化物尘埃加速了二氧化硫向三氧化硫的转化，当这些气体渗入肺部时，加剧了致病作用，造成了这次灾难。

（2）"多诺拉烟雾事件"

1948 年 10 月 26 ~ 31 日，美国宾夕法尼亚州多诺拉镇发生了烟雾事件。当时记者做了这样的记载："10 月 27 日早晨，烟雾笼罩着多诺拉。气候潮湿寒冷、阴云密布，地面处于死风状态，整整 2 天笼罩在烟雾之中，而且烟雾越来越稠厚，吸附凝结在一块。视线也仅仅能看到企业的对面，除了烟囱之外，工厂都消失在烟雾中。空气开始使人作呕，甚至有种怪味，是二氧化硫的刺激性气味。每个外出的人都明显感觉到这点，但是并没有引起警觉。二氧化硫气味是在燃煤和熔炼矿物时放出的，在多诺拉的每次烟雾中都有这种污染物。这一次看来只是比平常更为严重。"在空气污染的 4 天内，1.4 万人的小镇发病者达 5511 人。症状较轻的是眼痛、喉痛、流鼻涕、干咳、头痛、肢体酸乏；中度患者的症状是咳痰、胸闷、呕吐、腹泻；重症患者是综合性症状，共有 17 人死亡。死者的尸体解剖证明，肺部有急剧刺激引起的变化，如血管扩张出血、水肿、支气管炎含脓等。一些慢性心血管病患者由于病情加剧，促成心血管病发作导致死亡。根据推断，由于二氧化硫浓度高，它与金属元素和某些化合物发生反应生成的硫酸铵是这次事件的主要危害物，二氧化硫氧化作用产物与大气中烟尘颗粒结合是致害因素。

（3）"洛杉矶光化学烟雾事件"

1943 年 5 ~ 10 月，在美国滨海城市洛杉矶发生由汽车排放的尾气在日光作用下形成的毒物对人造成危害的事件。洛杉矶背山临海，三面环山，是 1 个口袋形的长 50 km 的盆地，1 年中有 300 天会出现逆温现象。当时，洛杉矶有 250 万辆汽车。汽车尾气在阳光作用下与空气中其他化学成分发生化学反应，产生一种淡蓝色烟雾。这种烟雾在逆温状态下扩散不出去，长期滞留在市内，刺激人的眼、鼻、喉，引起眼病、喉头炎和不同程度的头痛，严重时可造成死亡。同时也使家畜患病，妨碍农作物和植物生长，腐蚀材料和建筑物，使橡胶制品老化。烟雾使大气混浊，降低了大气的能见度，影响了汽车和飞机的安全行驶，造成车祸和飞机坠毁事件增多等危害。经过研究，证明烟雾中含有臭氧、氮氧化物、乙醛、过氧化物和过氧乙酰硝酸酯等刺激性物质。

（4）"伦敦烟雾事件"

1952 年 12 月 5 日，伦敦处于大型移动型高压脊气象，使伦敦上方的空气处于无风状态，气温成逆温状态，城市上空烟尘累积，持续 4 ~ 5 天烟雾弥漫，大气中烟尘浓度达到 4.5 mg/m³，二氧化硫浓度为 3.8 mg/m³，使几千市民胸口窒闷并发生咳嗽、咽喉肿痛、呕吐等症状。事故发生当天死亡率上升，到第3天和第4天，发病率和死亡率急剧增加。4天中死亡人数比常年同期多4000多人，支气管炎、冠心病、肺结核、心脏衰竭、肺炎、肺癌、流感等病的死亡率均成倍增加。甚至在烟雾事件后2个月内，还陆续有8000人病死。这次事件之后才引起英国政府的重视，采取有力措施控制空气污染。

（5）"水俣病事件"

1953～1956年，日本熊本县水俣镇发生了"水俣病事件"。水俣镇周围居住着10000多户渔民和农民。1925年新日本氮肥公司在这里建立，后来扩建成合成醋酸（乙酸）厂，1949年开始生产聚氯乙烯，并成为一个大企业。1950年这里渔民发现"猫自杀"怪现象，即有些猫步态不稳，抽筋麻痹，最后跳入水中溺死。1953年水俣镇渔村出现了原因不明的中枢神经性疾病患者，患者开始口齿不清，步态不稳，面部痴呆，后来耳聋眼瞎，全身麻木，继而精神异常，一会儿酣睡，一会儿异常兴奋，最后身体如弯弓，在高声尖叫中死去。1956年这类患者增加至96人，其中死亡18人。1958年新日本氮肥公司把废水引至水俣川北部，在6～7个月后，这个新的污染区出现18个同种症状的患者。1959～1963年学者们才分离得到氯化甲基汞结晶这个导致"水俣病"的罪魁祸首，揭开了污染之谜。原来是新日本氮肥公司在生产聚氯乙烯和乙酸乙烯时，采用低成本的水银催化剂工艺，将含有汞的催化剂和大量含有甲基汞的废水和废渣排入水俣湾中，甲基汞在鱼、贝中积累，通过食物链使人中毒致病。

（6）"痛痛病事件"

1955～1972年，日本富士县神通川流域发生了"痛痛病事件"。锌、铝冶炼厂排放的含镉废水污染了神通川水体。两岸居民均采用河水灌溉农田，使稻米含镉，居民食用含镉稻米和饮用含镉废水而中毒。据记载，日本三井金属矿业公司于1913年开始在神通川上游炼锌。1931年出现过怪病，当时不知道是什么病，也不知道是怎样得的。1955年神通川河里的鱼大量死亡，两岸稻田大面积死秧减产。1955年以后，又出现怪病，患者初期是腰、背、膝关节疼痛，随后遍及全身，身体各部分神经痛和全身骨痛，使人无法行动，以致呼吸都带来难以忍受的痛苦，最后骨骼软化萎缩、自然骨折，直到饮食不进，在衰弱和疼痛中死去。从患者的尸体解剖发现，有的骨折达到70多处，身长缩短30 cm，骨骼严重畸形。1961年查明骨痛病与锌厂的废水有关。1965年井冈大学教授发表论文阐述了骨痛病与上游矿山废水之间的关系，并用原子吸收光谱分析证实了骨痛病是三井金属矿业公司废水中的镉造成的。据统计，1963～1968年，共有确诊患者258人，死亡128人。

（7）"四日市气喘病事件"

1961年，日本四日市发生了气喘病事件。四日市位于日本东海的伊势湾，有近海临河的交通之便。1955年这里建成第一座炼油厂，接着建成3个大的石油联合企业，三菱石油化工等10多个大厂和100多个中小企业都聚集在这里。石油工业和矿物燃料燃烧排放的粉尘和二氧化硫超过允许浓度的5～6倍。烟雾中含有有毒的铅、锰、钛等重金属粉尘。二氧化硫在重金属粉尘的催化作用下形成硫酸烟雾，被人吸入肺部后引起支气管炎、支气管哮喘以及肺气肿等许多呼吸道疾病。1961 年全市哮喘病大发作，1964 年严重患者开始死亡，1967 年有些患者不堪忍受痛苦而自杀，到 1970 年患者已经达到 500 多人，1972 年确认哮喘患者 817 人，死亡 10 多人。

（8）"米糠油事件"

1968 年 3 月，日本九州、四国等地有几十万只鸡突然死亡，经检验发现饲料中有毒，但没有引起人们注意。不久，在北九州、爱知县一带发现一种奇怪的病：起初患者眼皮发肿，手掌出汗，全身起红疙瘩，严重者呕吐不止，肝功能下降，全身肌肉疼痛，咳嗽不止，有的医治无效死亡。这种病来势很猛，患者很快达到 1400 多人，并且蔓延到北九州 23 个府县，当年 7、8 月达到高潮，患者达到 5000 多人，有 16 人死亡，实际受害者达 1.3 万多人。后来查明，这是九州大牟田市一家粮食加工公司食用油工厂在生产米糠油时为了降低成本，在脱臭工艺中使用多氯联苯作为热载体，因管理不善，这种化合物混进米糠油中，有毒的米糠油销往各地，造成许多人生病或者死亡。生产米糠油的副产品——黑油作为家禽饲料，又造成几十万只鸡死亡。

2. 20 世纪 70 年代以来的"六大公害事件"

20 世纪 70 年代以来，发达国家的大气污染和水体污染事件还没有得到有效解决，不少发展中国家的经济也跟了上来，而且重复了发达国家发展经济的老路，使 20 世纪 70 年代到 90 年代的近 20 年的时间中，全球平均每年发生 200 多起较严重的环境污染事件。其中，最为严重的就是"六大公害事件"。

（1）"塞维索化学污染事件"

1976 年 7 月 10 日，意大利北部塞维索地区，距米兰市 20 km 的一家药厂的一个化学反应器发生放热反应，高压气体冲开安全阀，发生爆炸，致使三氯苯酚大量扩散，引起附近农药厂 3500 桶废物泄漏。据检测，废物中二噁英浓度达 40 mg/kg。这次事件的严重污染面积达 1.08 km²，涉及居民 670 人，轻度污染区为 2.7 km²，涉及居民 4855 人，事故发生后 5 天，出现鸟、兔、鱼等死亡现象，发现儿童和该厂工人患上氯痤疮等炎症，当地污水处理厂的沉积物和花园土壤中均测出较高含量的毒物。事隔多年后，当地居民的畸形儿出生率和以前相比大为增加。

（2）"三哩岛核电站泄漏事件"

1979 年 3 月 28 日，美国三哩岛核电站的堆芯熔化事故使周围 80 km 内约 200 万人处于不安之中。停课、停工，人员纷纷撤离。事故后的恢复工作在 10 年间就耗资 10 多亿美元。

（3）"墨西哥液化气爆炸事件"

1984 年 11 月 19 日，墨西哥国家石油公司液化气供应中心发生液化气爆炸，对周围环境造成严重危害，造成 54 座储气罐爆炸起火。该事件中，死亡 1000 多人，伤 4000 多人，毁房 1400 余幢，3 万人无家可归，周围 50 万居民被迫逃难，给墨西哥城带来了灾难，社会经济及人民生命蒙受巨大的损失。

（4）"博帕尔农药泄漏事件"

1984 年 12 月 3 日，印度博帕尔市的美国联合碳化物公司农药厂大约有 4.5×10^5 t 农药剧毒原料甲基异氰酸甲酯泄漏，毒性物质以气体形态迅速扩散，1 h 后市区被浓烟笼罩，人畜尸体到处可见，植物枯萎，湖水混浊。该事件导致 2 万人死亡，5 万人失明，20 万人不同程度遭到伤害。数千头牲畜被毒死，受害面积达 40 km²。

（5）"切尔诺贝利核电站泄漏事件"

1986 年 4 月 26 日，苏联乌克兰基辅地区切尔诺贝利核电站 4 号反应堆爆炸，放射性物质大量外泄。3 个月内 31 人死亡，到 1989 年底有 237 人受到严重放射伤害而死亡。截至 2000 年共有 1.5 万人死亡，5 万人残疾。距电站 7 km 内的树木全部死亡。预计半个世纪内，距电站 10 km 内不能放牧，100 km 内放牧的牛不能生产牛奶。参与事后清理以及为发生爆炸的 4 号反应堆建设保护罩的 60 万人仍需接受定期体检。该事故产生的核污染飘尘使北欧、东欧等国大气层中放射性尘埃飘浮高达一周之久，是世界上第一次核电站污染环境的严重事故。

（6）"莱茵河污染事件"

1986 年 11 月 1 日，瑞士巴塞尔市桑多兹化学公司一座仓库爆炸起火，使 30 t 剧毒的碳化物、磷化物和含汞的化工产品随灭火剂进入莱茵河，酿成西欧 10 年来最大的污染事故。莱茵河顺流而下的 150 km 内，60 多万条鱼和大量水鸟死亡。沿岸法国、德国、芬兰等国家一些城镇的河水、井水和自来水禁用。

（三）当代环境问题

20 世纪 80 年代中期以来，全球环境仍在进一步恶化。1985 年发现南极上空出现的"臭氧空洞"引发了新一轮环境问题的高潮。新一轮的环境问题由区域性环境问题变成全球性环境问题。其中主要有以下几种问题。

1. 资源紧缺

人口的剧增、人类消费水平的提高，使地球的资源变得紧缺。全球人口 1804 年只有 10 亿，1927 年突破 20 亿，1960 年接近 30 亿，1975 年达到 40 亿，1990 年达到 53 亿，1999 年超过 60 亿，2018 年已突破 74 亿。要供养如此多的人口，人类不得不掠夺式地开发自然资源。按照目前的开采速率，全球已经探明贮量的煤炭还能持续 200 年左右，而石油和天然气分别只能维持大约 40 年和 70 年。发达的工业化国家，每人每年需要 45 ～ 85 t 的自然资源。目前，生产 100 美元的产值需要 300 kg 的原始自然资源。全世界大约有 95 个国家的农村，近一半人口日常生活依赖生物质能源。这些人中，约有 60% 靠砍伐树木取得柴薪，还有的地区以秸秆为柴，造成了森林的破坏和土地的沙化，使农业生态环境进一步恶化。

随着全球经济的发展，人类对淡水资源的需求也在不断增长。2000 年，人类用水量是 1975 年的 2 ～ 3 倍。目前，全球有 100 多个国家缺水，有 43 个国家严重缺水，约有

17 亿人得不到安全的饮用水，超过 6.63 亿人在家园附近没有安全水源。水体污染加剧，对解决水资源短缺问题更是雪上加霜。目前，全球污水已达到 4.0×10^{11} m^3，约 5.5×10^{12} m^3 水体受到污染，占全球径流量的 14% 以上。随着工业的飞速发展，海洋运输和海洋开采也得到不断发展。海洋污染越来越严重。农业灌溉对淡水的浪费、地下水超量开采，都使水资源成为 21 世纪最紧迫的资源问题。

2. 气候变化

全球变暖趋势越来越受到人们的关注。在过去的一百多年，全球平均地面温度上升了约 0.6 ℃，北极地区升温是其他地区的 2 倍，冰川大面积消融，海平面上升 14 ~ 25 cm。引起全球变暖的主要原因是"温室效应"。大气中具有温室效应的气体有 30 多种，其中 CO_2 起到很大的作用。在人类社会实现工业产业化的 19 世纪，全球每年排放 CO_2 约 9.0×10^6 t，1850 年大气中 CO_2 的浓度为 280 mL/m^3；20 世纪末年均排放量为 2.3×10^{10} t，20 世纪末大气中 CO_2 的浓度增至 375 mL/m^3；2015 年大气中 CO_2 的平均浓度首次达到 400 mL/m^2。大气中 CO_2 的浓度正在以每年约 0.4% 的速度增加。

温室效应增加了全球气象灾难事件的数量和危害程度。2006 ~ 2007 年的暖冬，厄尔尼诺现象频繁发生，拉尼娜现象接踵而来，给世界造成了巨大的损失。初步研究表明，全球气候变暖会引起温度带的北移，进而导致大气运动发生相应的变化。蒸发量增加将导致全球降水量的增加，而且分布不均。一般而言，低纬度地区现有雨带的降水量会增加，高纬度地区冬季降雪量也会增加，而中纬度地区夏季降水量会减少。对于大多数干旱、半干旱地区，降水量增加是有利的，而对于降水量较少的地区，如北美洲中部、中国西北内陆地区，则会因为夏季雨量的减少变得更加干旱，水源更加紧张。

在综合考虑海水热胀、极地降水量增加导致的南极冰帽增大、北极和高山冰雪融化因素的前提下，当全球气温升高 1.5 ~ 4.5 ℃时，海平面将可能出现明显上升。海平面的上升无疑会改变海岸线格局，给沿海地区带来巨大影响，海拔较低的沿海地区将面临被淹没的危险。海平面上升还会导致海水倒灌、排洪不畅、土地盐渍化等后果。

尽管存在着许多不确定性，但显而易见的是，全球气候变暖对气候带、降水量以及海平面的影响以及由此导致的对人类居住地及生态系统的影响是极其复杂的，必须给予足够的重视。

3. 酸雨蔓延

1972 年 6 月在第一次人类环境会议上瑞典政府提交了《穿越国界的大气污染：大气和降水中的硫对环境的影响》报告。1982 年 6 月在瑞典斯德哥尔摩召开了"国际环境酸化会议"，这标志着酸雨污染已成为当今世界重要的环境问题之一。20 世纪以来，世界最严重的三大酸雨区是西北欧、北美和中国。欧洲北部的斯堪的纳维亚半岛是最早发现酸雨并引起注意的地区，在 20 世纪 70 年代，西北欧的降水 pH 值降低至 4.0。全世界的酸雨污染范围日益扩大，原只发生在北美和欧洲工业发达国家的酸雨，逐渐向一些发展中国家（如印度、东南亚国家、中国等）扩展，同时酸雨的酸度也在逐渐增加。欧洲大气化学监测网近 20 年连续监测的结果表明，欧洲雨水的酸度增加了 10%，瑞典、丹麦、波兰、德国、加拿大等国的酸雨 pH 值多为 4.0 ~ 4.5，美国酸雨 pH 值在 4.8 以下的有许多州。

中国是个燃煤大国，煤炭消耗约占能源消费总量的 75%。随着耗煤量的增加，二氧化硫的排放量也不断增长。20 世纪 80 年代，中国酸雨主要还只发生在以重庆、贵阳和柳州为代表的四川、贵州和两广地区，酸雨面积 $1.7 \times 10^6 \, km^2$。到了 20 世纪 90 年代中期，酸雨已发展到长江以南、青藏高原以东的广大地区，酸雨面积扩大了 $1.0 \times 10^6 \, km^2$。以长沙、赣州、南昌、怀化为代表的华中酸雨区现已成为全国酸雨污染最严重的地区，其中心区年降水 pH 值低于 4.0，酸雨频率高达 90%，华北、东北的局部地区也出现酸性降水。随着我国对二氧化硫和氮氧化物的综合治理，酸雨的酸度有下降趋势；尤其是全国范围内"煤改气工程""燃煤清洁化""能源结构多样化"等措施实施后，酸雨的范围和酸度也会发生较大的变化。

4. 臭氧层破坏

臭氧层存在于对流层上面的平流层中，臭氧在大气中从地面到 70 km 的高空都有分布，其最大浓度在中纬度 24 km 的高空，向极地缓慢降低。20 世纪 50 年代末到 70 年代就发现臭氧浓度有减小的趋势。1985 年英国南极考察队在南纬 60° 地区观测发现臭氧空洞，引起世界各国极大关注。不仅在南极，在北极上空也出现了臭氧减少现象。特别是在 1991 年 2 月和 1992 年 3 月，北极某地区臭氧下降 15% ~ 20%。研究检测表明，1979 ~ 1994 年中纬度地区，北半球每 10 年臭氧下降 6%（冬季和春季）或 3%（夏季和秋季）；南半球每 10 年臭氧下降 4% ~ 5%；热带地区没有观察到明显的臭氧下降。

1994 年，南极上空的臭氧层破坏面积已达 $2.4 \times 10^7 \, km^2$，北极地区上空的臭氧含量也有减少，在某些月份比 20 世纪 60 年代减少了 25% ~ 30%；欧洲和北美上空的臭氧层平均减少了 10% ~ 15%；西伯利亚上空甚至减少了 35%。1998 年 9 月，南极的臭氧空洞面积已经扩大到 $2.5 \times 10^7 \, km^2$。2000 年，南极上空的臭氧空洞面积达 $2.8 \times 10^7 \, km^2$。2003 年臭氧空洞最大面积约为 $2.9 \times 10^7 \, km^2$。在被称为世界"第三极"的青藏高原，中国大气物理及气象学者的观测也发现，青藏高原上空的臭氧正在以每 10 年 2.7% 的速度减少，已经形成大气层中的第三个臭氧空洞。

虽然人类已采取多种措施保护臭氧层，但南极上空的臭氧空洞依然很大，臭氧层修复的速度远非预期的那样快。美国宇航局、美国国家海洋与大气管理局和美国国家大气研究中心共同进行的一项研究认为，南极地区的臭氧空洞将一直持续到 2068 年，而原先科学家曾预估该臭氧空洞将在 2050 年后完全消失。如果臭氧层破坏按照现在的速率进行下去，预计到 2075 年，全球皮肤癌患者将达到 1.5 亿人，白内障患者将达到 1800 万人，农作物将减产 7.5%，水产资源将损失 25%，人体免疫功能也将减退。

5. 生态环境退化

人类从环境攫取资源的同时，由于缺少合理的开发方式和相应的保护措施破坏了自然的生态平衡。大量的水土流失使土地的生产力退化甚至荒漠化。荒漠化作为一种自然现象，不再是一个单纯的生态问题，已经演变成严重的经济和社会问题，它使世界上越来越多的人失去了最基本的生存条件，甚至成为"生态难民"。目前，尽管各国人民都在进行着同荒漠化的抗争，但荒漠化仍以每年（5 ~ 7）× 10^4 km^2 的速率扩展，全球荒漠化面积达到 3.8×10^7 km^2，占地球陆地总面积的 1/4，使世界 2/3 的国家和 1/5 的人口受到其影响。

由于人口膨胀，对粮食、树木的需求不断增长，森林遭到严重破坏。在人类历史过去的 8000 年中，有一半的森林被开辟成农田、牧场或作他用。1990 年，全球森林面积约 4.128×10^7 km^2，占全球土地面积的 31.6%，而到 2015 年则变为 30.6%，约 3.999×10^7 km^2。1990 ~ 2000 年全球年均净减少森林面积 8.9×10^4 km^2，2000 ~ 2005 年全球年均净减少森林面积 7.3×10^4 km^2。2010 ~ 2015 年，非洲和南美洲森林的年损失率最高，森林面积分别减少 2.8×10^4 km^2 和 2×10^4 km^2。全球森林主要集中在南美、俄罗斯、中非和东南亚。全球森林的破坏主要表现为热带雨林的消失。热带雨林大面积的滥伐将导致水土流失的加剧、灾害的增加和物种消失等一系列的生态环境问题。

森林的大面积减少、草原的退化、湿地的干枯、环境的污染和人类的捕杀使生物物种急剧减少，许多物种濒临灭绝。2012 年世界自然保护联盟（IUCN）濒危物种红色名录被评估的 63 837 个物种中，801 个物种已灭绝，63 个物种野外灭绝，3947 个物种严重濒危，5766 个物濒危，10 104 个物种脆弱（易受伤害）。

6. 城市环境恶化

目前，全球正处在城市化速率加快的时期，城市工业的发展，基础建设的推进，生活废弃物使城市环境污染越来越突出。大气污染使许多城市处于烟雾弥漫之中，全球城市废水量已达到几千亿吨。发展中国家 95% 以上的污水未经处理直接排放，严重污染了城市水体。由于城市人口的不断膨胀，造成居住环境压力日益增大。住房拥挤是当代世界各国普遍存在的重大社会问题。近期还发现，由混凝土、砖、石等建材中放射性元素镭蜕变产生的放射性氡污染严重。随着办公自动化的出现和家用电器的广泛使用，室内电磁辐射的污染也日趋增长。随着交通运输的发展和车辆保有量的不断增加，交通堵塞和交通噪声已成为城市环境污染的特征之一。城市发展造成资源的大量消耗，产生的垃圾与日俱增。垃圾围城已成为世界城市化的难题之一。大量堆放的垃圾，侵占土地，破坏农田，污染水体和大气，传播疾病，危害人类健康。工业化国家向第三世界国家转移有害的生产和生活垃圾，造成了全球更广泛的环境污染。

7. 新的环境隐患

全球变暖，使病菌繁殖速率加快；经济全球化使得人员和产品流动频繁，病菌传播概率增加；城市环境恶化，现代病增多；抗生素和杀虫剂的广泛使用，可能产生病菌变异，使人类在 21 世纪有可能遭到新旧传染病的围攻。世界卫生组织（WHO）发布报告：医学的发展赶不上疾病的变化，人类健康面临威胁。全球处在一个疾病传播速率最快、范围最广的时期。

第二节　环境污染与环境污染物

一、环境污染

最初，人们将环境问题和环境污染联系起来。确实，从本质上来看，大多数环境问题是由环境污染，特别是化学物质的污染引起的。目前，从人们的认识水平来看，环境污染，是指由于人为因素使环境的构成或状态发生变化，环境素质下降，从而扰乱和破坏了生态系统和人们的正常生活和生产条件。环境污染的概念可以简要表述如下。

（自然因素或人为因素的冲击破坏）−（包括自净能力在内的自然界动态平衡恢复能力）=（环境污染造成的危害）

这里所说的自然原因是指火山爆发、森林火灾、地震、有机物的腐烂等。以火山爆发为例，火山喷发出的气体中含有大量硫化氢、二氧化硫、三氧化硫、硫酸盐等，严重污染了当地的区域环境；从一次大规模火山喷发中喷出的气溶胶（火山灰）其影响有可能波及全球。首先，大量火山灰将遮蔽日光，使太阳光（能）反射，转回到宇宙空间，从而影响了那些需要阳光的地球生物类生长。另一方面，火山灰在地球表层形成一层薄膜，使地面上各处洒满了火山灰，影响了土壤的生态系统。另外空气中的火山灰易成为水滴的凝结核心，使雨云易于集结，造成某些地区降雨量"前所未有"地增多；由于地球表层进行循环的水量是大体恒定的，局部地区持久降雨，则必然造成一些地区发生严重的干旱；有的地方大雨，有的地方大旱，这扰乱了地球表层热能分布平衡状态，造成局部地区产生热流，另一些地区则产生寒潮。以上这些现象综合来看，会严重影响人们正常生活，破坏农业生产，导致农产品减产。许多环境污染问题如同上述火山爆发情况一样，对于环境的质量能引起"牵一发而动全身"的作用。

环境污染概念中所说的人为原因主要是人类的生产活动，包括矿石开采和冶炼、化石燃料燃烧、人工合成新物质（如农药化学药品）等。

近年，随着人类社会进步、生产发展和人们生活水平的不断提高，同时也造成了严重的环境污染现象，如大气污染、水体污染、土壤污染、生物污染、噪声污染、农药污染和核污染等。特别在 20 世纪的五六十年代，污染已成为世界范围的严重社会公害，许多人因患公害病而受难或死亡，许多人的健康受到环境污染的损害，环境污染已对人们生活和经济发展造成了严重危害。在对环境污染问题有了较深刻认识并经过反省后的人们逐渐认识到，作为自然一部分的人不应该作为与自然对立的事物存在，而应该改变以自体为中心来审视客观事物的习惯。人与自然间应该和谐相处，即做到"天人合一"。而要达到这种"合一"，人类一方面必须对自身的能动力和创造力有所抑制，在"自行其是"和"自我约束"之间行一条中庸之道。另一方面，人类又必须勇敢地面对现实，积极寻求解决环境污染问题的出路。

二、环境污染物

进入环境后，使环境的正常组成和性质发生直接或间接有害于人类变化的物质称为环境污染物。大部分环境污染物是由人类的生产和生活活动产生的。环境污染物是环境化学研究的对象。

环境污染物按环境要素分类，包含有大气污染物、水体污染物和土壤污染物；按污染物的形态分类，有气体污染物、液体污染物和固体污染物；按污染物的性质分类，有化学污染物、物理污染物和生物污染物；按人类社会不同功能产生分类，有工业污染物、农业污染物、交通运输污染物和生活污染物；按化学污染物分类，可分为元素、无机物、有机化合物和烃类等。

三、化学污染物

（一）化学污染物

由于环境发生污染，当然会影响到环境的质量。自然环境的质量包括化学的、物理的和生物学的三个方面。这三个方面质量相应地受到三种环境污染因素的影响，即化学污染物、物理污染因素和生物污染体。物理污染因素主要是一些能量性因素，如放射性、噪声、振动、热能、电磁波等。生物污染体包括细菌、病毒、水体中有毒的或反常生长的藻类。至于化学污染物，其种类繁多，它们是环境化学研究的主要对象物。

水体中的主要化学污染物质有如下几类。

①有害金属，如 As、Cd、Cr、Cu、Hg、Pb、Zn 等。

②有害阴离子，如 CN^-、F^-、Cl^-、Br^-、S^{2-}、SO_4^{2-} 等。

③过量营养物质，如 NH_4^+、NO_2^{-}、NO_3^{-}、PO_4^{3-} 等。

④有机物，如酚、醛、农药、表面活性剂、多氯联苯、脂肪酸、有机卤化物等。1978年美国环境保护局（EPA）曾提出水体中 129 种应予优先考虑的污染物，其中有机污染物占 114 种。

⑤放射性物质，如 ^3H、^{32}P、^{90}Sr、^{131}l、^{144}Ce、^{232}Th、^{238}U 等核素。

大气中的主要化学污染物来自于化石燃料的燃烧。燃烧的直接产物 CO_2 和 H_2O 是无害的。污染物产生于这样一些过程。

①燃料中含硫，燃烧后产生污染气体 SO_2。

②燃烧过程中，空气中 N_2 和 O_2 通过链接式反应等复杂过程产生各种氮氧化物（以 NO_2 表示）。

③燃料粉末或石油细粒未及燃烧而散逸。

④燃烧不完全，产生 CO 等中间产物。

⑤燃料使用过程中加入化学添加剂，如汽油中加入铅有机物，作为内燃机气缸的抗震剂，经燃烧后，铅化合物进入大气，进而污染空气。

土壤中的主要化学污染物是农药、化肥、重金属等。

化学工业在最近数十年来有了长足的发展，为人类文明和社会经济繁荣做出了贡献。目前已知化学物质总数超过 2000 万种，且这个数字还在不断增长，其中 6 万 ~ 7 万种是人们日常使用的，而约 7000 种是工业上大量生产的。目前为止，在环境中已经发现近 10 万不同种类的化合物。其中有很多对于各种生物具有一定危害性，或是立即发生作用，或是通过长期作用而在植物、动物和人的生活中引起这样或那样不良影响。

（二）化学污染物的环境行为及其危害

化学污染物的环境行为十分复杂，但可归结为以下两个方面。

①进入环境的化学物质通过溶解、挥发、迁移、扩散、吸附、沉降及生物摄取等多种过程，分配散布在各环境圈层（水体、大气、生物）之中。与此同时，又与各种环境要素（主要是水、空气、光辐射、微生物和别的化学物质等）交互作用，并发生各种化学的、生物的变化过程。经历了这些过程的化学物质，就发生了形态和行为的变化。

②这些化学物质在环境中行迹所到之处，也留下了它们的印记，使环境质量发生一定程度的变化，同时引起非常错综复杂的环境生态效应。

化学污染物的危害指的是它们对人、生物或其他有价值物质所产生的现实的或潜在的危险，其主要方面可列举如下。

①可燃性，如低闪点液态烃类等。

②腐蚀性，如强酸、强碱等。

③氧化反应性，如硝酸盐、铬酸盐等。

④耗氧性，如水体中的有机物等。

⑤富营养化，如水体中含氮、磷的化合物。

⑥破坏生态平衡，如农药等。

⑦致癌、致畸、致突变型，如有机卤化物、多环芳烃等。

⑧毒性，如氰化物、砷化物等。

对人体健康来说，环境污染物所引起的直接而又至关重要的危害是它们的毒性。某些化学污染物质对人体或生物有明显的急性毒害作用，如三氧化二砷、氰化钾等被称为毒物；还有一些化学污染物在一定条件下才显示毒性，被称为毒剂。这些条件包括剂量、形态、进入生物体的途径和个体抗毒能力等，如一般铁的化合物是无毒的，但作为多种维生素添

加剂的 $Fe(SO_4)_3$ 对小儿的死亡剂量为 $4 \sim 10\ g$。Cr 是人体的必需元素，但高价的 Cr 有很强的毒性；与此情况相反，高价的 As 毒性小于低价的 As；同样是三价砷，其氧化物 As_2O_3（砒霜）是剧毒的，其硫化物 As_2S_3（古代术士炼丹的主要原料）却是低毒的。以蒸汽形态进入人体呼吸道的汞是剧毒的，与此相反，进入人体消化道的液态汞可通过粪便很快地全部排出体外，因而是低毒或无毒的。

由人为原因引起化学有害物质污染环境而产生的突发事件通常称为公害。公害事件会在短时间内引起公众生活环境恶化，常表现为人群大量发病和死亡的案例。有的公害事件还具有事件延续性，其影响可及数十年之久。在 20 世纪 30 ~ 70 年代世界上曾发生过著名的八大公害事件，其中由硫氧化物或氮氧化物等空气污染物引发的有五起，由甲基汞镉、多氯联苯引发的各有一起。可以看出肇事物都是化学污染物，而且具有显著的人为性、突发性和区域性。

第三节　环境科学与环境化学

一、环境科学的产生与发展

与人或生物密切相关的自然环境，主要是地球环境，它由大气圈、水圈、土壤圈、岩石圈和生物圈构成。在构成地球环境的这些圈层当中，生物圈最活跃，最具生命力。当生物圈作为研究对象时，我们可以说，生物圈是经过几百万年的演化才逐渐形成的一个协调发展的生态系统。系统与环境之间存在着各种各样的相互作用，产生环境效应现象。当环境效应的结果是环境的结构或功能发生对人或生物有害的变化时，环境素质下降，从而扰乱和破坏了生态系统和人们的正常生活和生产条件，环境污染就发生了。系统与环境相互作用所借助的、导致环境污染的物质就是环境污染物。物质或污染物进入环境后会进行迁移和转化等过程，或者说会发生物理和化学变化等过程，在各个圈层介质中显现出独特的物理、化学行为，产生各种环境效应，或导致环境污染现象发生。

目前人类所面临的环境问题是随着人口增长、社会发展而产生的。在工业革命之前，由于当时人口比较少，生产力水平比较低，人们对自然资源的开发和利用程度还不高，由人类活动所引起的污染现象比较轻微，对生态平衡的破坏并不明显，因此当时的环境问题并没有引起人们的注意。工业革命之后，情况发生了巨大的变化。许多国家的经济都以空前的规模和速度发展起来，特别是工业化国家，经济发展速度之快、规模之大都是非常惊人的。工业革命使得生产力迅速发展，机械化生产在创造大量财富的同时，在生产过程中排出大量废弃物，造成环境污染；随着城市化和人们生活水平的提高，人类在消费过程中产生的污染问题也越来越严重；对自然资源的不合理开发利用，也造成了全球性的环境污染和生态破坏。目前，存在的主要环境问题：温室效应、臭氧层破坏、气候变化、水资源的短缺和污染、有毒化学品和固体废弃物的危害、酸雨、土地沙漠化以及生物品种的减少等，已对人类的生存和可持续发展构成了严重威胁。

人类向自然界索取资源，产生出一些新的东西再返回给自然，而环境科学就是研究人类和环境间的这样一种关系。人类给予环境有正面影响，也有负面影响，环境又往往将这些影响反过来再作用于人类，环境科学就是因为存在负面影响、损及人类自身生存和发展才应运而生的。尤其是不及时制止负面影响，我们的后代将会受到很大的伤害。所以，解决环境问题还需讲时效性。环境科学的目的就在于弄清人类和环境之间各种各样的相互作用和演化规律，使我们能够控制人类活动给环境造成的负面影响。

环境科学的研究可以分为两个层次：①宏观上研究人和环境相互作用的规律，由此揭示社会、经济和环境协调发展的基本规律。这也就是可持续发展的思路，因此环境科学发展之后，必然要提出可持续发展的问题；②微观上环境科学要研究环境中的物质，尤其是人类活动产生的污染物，研究其在环境中的产生、迁移转变、积累、归宿等过程及其运动规律，为我们保护环境的实践提供科学基础，还要研究环境污染综合防治技术和管理措施，寻求环境污染的预防、控制、消除的途径和方法，这些都是环境科学的任务。

环境科学是一个新兴的交叉学科，它正处在不断地发展变化中。环境科学发展到今天已经形成了一个十分庞大的科学体系。其中比较成熟的学科包括环境科学原理、环境分析化学、环境微生物学、环境数学、环境物理学、环境地理学、环境经济学、环境统计学和环境工程等。

二、环境化学的定义

环境化学是化学与环境科学的一门交叉学科，它主要运用化学的理论和方法，研究对人类健康和自然生态系统具有重大影响的化学组分在环境中的存在形态及其迁移、转化、归宿和效应的规律。环境化学的根本任务是研究各种环境现象的化学本质，它的内容不仅包括天然环境的化学组成和化学反应过程，还着力揭示在人类活动的影响下地球环境所经历的化学变化和这种变化的长期效应，从科学上阐明人类与环境之间协调发展所必须遵循的自然法则。由于环境科学正处在不断地发展变化中，环境化学同样也在不断地充实和完善。有关环境化学的定义也经历了一段时间的发展。

1978 年，美国的环境化学家杭妮（Honne R.A.）认为："环境化学是研究物质在开放系统中所发生的化学现象"。

1980 年，德国的生态学家柯特教授认为："环境化学即生态化学。它是以化学的方法研究化学物质在环境中的行为及对生态系统的影响"。

我国环境化学家戴树桂等认为："环境化学是一门研究有害化学物质在环境介质中的存在、化学特性、行为和效应及其控制的化学原理和方法的科学。它既是环境科学的核心组成部分，也是化学科学的一个新的重要分支"。

1995 年，国家自然科学基金委员会出版了《自然科学学科发展战略研究报告：环境化学》，将环境化学定义为："环境化学是一门研究潜在有害化学物质的环境介质的存在、行为、效应（生态效应、人体健康效应及其他环境效应）以及减少或消除其产生的科学"。

随着科学的不断发展，人们对环境化学的认识也在不断地深入，环境化学研究的污染物种类也会不断变化。

三、环境化学的任务

环境化学是在化学科学的传统理论和方法的基础上发展起来的，是以化学物质在环境中的出现而引起的环境问题为研究对象，以解决环境问题为目标的一门新兴学科。环境化学作为一门独立的学科具有自身的特点和内涵，主要是综合运用环境科学和化学科学的基本理论和方法，阐述和解释环境问题的化学本质，为调控人类活动的行为提供科学依据。目前较为普遍的关于环境化学的定义描述为：环境化学是一门研究化学物质在环境介质（大气、水体、土壤、生物）中的存在、化学特性、行为和效应及其控制的化学原理和方法的科学。环境化学强调从化学的角度阐述和解释环境的结构、功能、状态和演化过程及其与人类行为的关系，从而区别于环境科学的其他分支学科。

四、环境化学的特点

（一）研究对象浓度低、分布广

环境中污染物的浓度水平一般为 10^{-6}、10^{-9} 和 10^{-12} 数量级，用一般的化学分析方法较难检测。所以需要用一系列的先进技术来解决衡量物质的定性和定量分析问题。它们分布广泛，迁移转化速度较快，且在不同的时空条件下有明显的动态变化。为了获得化学污染物在环境中的含量和污染程度，不仅要对污染物进行快速测定或连续测定，而且还要对其毒性和影响做出鉴定。

（二）综合性强，涉及多学科领域

环境化学学科本身是边缘科学，继承了各个前导学科的理论和技术以解决实际的环境问题。环境污染物在环境中的存在状态、分布、迁移转化和归宿，尤其是它们在环境中的物理、化学和生物效应，需要物理、化学、生物、数学、气象学、医学、地球学等学科的结合去观察和分析。所以这种多学科、多介质、多层次的研究，不仅大大丰富了环境化学研究的内容，也为环境化学提供了许多新的研究领域。

（三）研究结果时效性强、重现性差

污染物可能导致的环境污染及可能产生的后果，往往需要预测，预测的时间跨度可能很短，也可能很长。环境污染物在环境要素中的迁移、转化受到许多因素的影响，而且，其影响结果常常对初始或边界条件比较敏感。这些因素的改变会直接影响其在环境要素中的行为。因此，实验结果往往重现性差，需要采用系统工程的方法进行研究。

（四）研究对象组成复杂、形态多变

环境化学的研究对象是环境和污染物，它不仅包括各环境要素中存在的化学物质，还有人类在生产和生活中制造的化学物质。环境中的污染物一般是人工合成物和天然污染物共存，或无机，或有机；存在的状态可以是气态、液态、固态，也可能是胶态。而且，各种污染物在环境中可以发生化学反应或物理变化。即使是同一种化学污染物，所含的元素也可能以不同的化合价和化合态存在。因此，环境化学的研究对象是一个成分复杂、形态多变的体系。

五、环境化学的主要内容

（一）环境污染化学

环境污染化学被分为大气污染化学、水体污染化学、土壤污染化学。

1. 大气污染化学

大气污染化学主要是研究对流层大气中化学污染物质的引入、迁移、转化和消除过程中所发生的物理和化学变化。

大气中的主要污染物质来源于煤、石油和天然气等矿物燃料的开发和利用。这些矿物燃料在燃烧时向大气中排放大量的 SO_2、NO_x、CO_2 和颗粒物。其中，SO_2 主要是由矿物原料中的无机硫和有机硫在燃烧过程中氧化形成的，即

$$S（R\text{-}S）+ O_2 \longrightarrow O_2 + SO_2$$

随着废气排放到大气中，SO_2 在大气中会进一步转化形成 SO_3，然后再形成 SO_3^{2-} 和 SO_4^{2-}。这种转化过程是非常复杂的。一般来说，在干燥和清洁的空气中，SO_2 的氧化速度比较慢；在潮湿、有颗粒物存在的环境中，氧化过程则进行得很快。而且颗粒物中存在的铁、锰等重金属还对氧化反应起到催化作用。

大气中的 NO_x，主要指的是 NO 和 NO_2。它们是在矿物燃料燃烧所产生的高温条件下，由空气中的 N_2 和 O_2 反应而形成的，即

$$N_2 + O_2 \xrightarrow{\text{高温}} NO + NO_2$$

反应中主要形成的是 NO，NO_2 是由 NO 进一步氧化而缓慢形成的。如果空气中有烃类化合物存在，并且有充足的阳光照射，NO 转化形成 NO_2 的速度会加快。此时起作用的是 O_3、O、HO 和 HO_2 等强氧化性的基团。如果天气条件适当，就会导致光化学烟雾的发生。

大气中的颗粒物是指悬浮在大气中的固体或液体颗粒。它们的来源、组成和结构都非常复杂。目前人们对颗粒物的研究主要包括两个方面：研究颗粒物表面的吸附作用；研究颗粒物表面上的重金属的催化作用。

大气中 CO_2 的主要来源也是矿物燃料的燃烧。目前，人们普遍认为 CO_2 的增加是造成温室效应的主要原因。

大气污染化学的另一个非常重要的研究内容就是研究臭氧层的破坏。由于太阳所发出的紫外线绝大部分被臭氧层吸收，所以才使得地球上的生命不至于受到紫外线的伤害。可是，科学家发现臭氧层由于遭到人为的破坏而正在变得越来越薄。正是由于环境科学工作者对臭氧层破坏机制的研究，1995 年的诺贝尔化学奖颁发给了莫利纳、克鲁增和罗兰德这三位环境化学家。这标志着环境化学这门学科已经成为学术界的主流学科。

2. 水污染化学

在水污染化学方面，水体研究较多的是河流、湖泊和水库，其次是河口、海湾和近海海域。近年来，由于大量固体废弃物填埋而引起有毒有害物质污染地下水，国内外对地下水污染十分重视。天然水体系污染过程和废水净化过程是水环境化学的主要研究范围。对水环境中化学物质的重点研究对象逐渐转向某些重金属及持久性有毒有机污染物。从应用基础的研究来看。当前主要集中在水体界面化学过程、金属形态转化动力学过程、有机物的化学降解过程、金属和准金属甲基化等方面的研究。

3. 土壤污染化学

土壤中重要的污染物主要有重金属、农药和多环芳烃。土壤污染化学主要研究农用化学品在土壤环境中的迁移转化和趋势及其对土壤和人体健康的影响。包括有机污染物在土壤中的降解，土壤中温室气体的释放，污染物在固—液界面上的化学过程等。

（二）环境分析化学

环境分析化学研究如何运用现代科学理论和先进实验技术来鉴别和测定环境中化学物质的种类、成分、形态及含量。具体而言：①通过环境污染物的分析，可判明环境是否受到污染，了解污染的程度；②分析污染物的存在状态和结构，为防治污染提供依据；③研究环境污染物的分析方法如何实现"高灵敏度""高准确性""高分辨率"以及"自动化""连续化""计算机化"。

（三）污染生态化学

污染生态化学主要研究化学污染物质引起生态效应的化学原理、过程和机制，以及污染物在环境中的生物转化规律。在宏观上研究化学物质在维持和破坏生态平衡中的基本化学问题，在微观上研究化学物质和生物体相互作用过程的化学机制。它是环境化学、生物学、医学等学科的边缘领域，目前处于发展的初期阶段。

（四）污染控制化学

污染控制化学与环境工程学、化学工程学有密切的关系。它研究与污染控制有关的化学机制与工艺技术中的化学基础性问题，以便最大限度地控制化学污染，为开发高效的污染控制技术和发展清洁工艺提供科学依据。

六、环境化学的研究方法

环境化学目前的研究工作主要是沿用经典科学的研究方法。

（一）实地观测

实地观测包括现场直接测量和采样后送回实验室分析。通过观测可以获得污染物的时空分布数据。同时测定一系列相关物种的浓度变化，还可以找出其中的转化关系。

（二）实验室研究

由于被研究对象（主要是化学污染物）在环境中量微、浓度低、形态多变，又随时随地发生迁移和形态间的转化，所以需要非常准确而又灵敏的环境分析监测手段作为研究工作的先导。例如对许多结构不明的有机污染物，经常需要用强有力的结构分析仪（如红外光谱仪、色质联用仪）予以分析鉴定；对污染物在环境介质中的相间平衡或反映动力学机理研究常需用高灵敏度的同位素示踪技术等。

（三）实验模拟

利用实验装置模拟实际环境，从中找出污染物的形成、排放、扩散和相互转化规律。通过模拟实验可获得许多重要的信息，还可预测在环境中的化学变化。

第四节　环境化学的发展概况

一、环境化学学科的发展回顾

（一）孕育阶段（1970 年以前）

由于污染环境和危害人体健康的事件接连发生，促使人们认识到环境问题的重要性并开始研究造成环境污染的原因和寻找控制污染的途径。20 世纪 60 年代初，有机氯农药污染的发现，开始了环境中农药残留的检测和行为的研究。分析化学和化学工程在污染物分析和污染治理方面的运用，环境化学的雏形已经出现。

（二）形成阶段（1970—1980 年）

20 世纪 70 年代国际上出版了包括《全球环境监测》在内的一系列与化学有关的环境科学专著，显示了化学在环境科学中的重要作用，初步确定了环境化学的研究对象、范围和内容标志着环境化学作为一个独立的学科已经初步形成。

（三）发展阶段（1980—1990 年）

期间，对生命必需元素的生物地球化学循环和各主要元素间的相互作用、人类活动对这些循环产生的干扰和影响等进行研究；加强化学品安全性评价和环境致癌物的研究；开展化学污染物在多介质、多界面之间的迁移和转化行为研究；对涉及臭氧层破坏和温室效应等的全球变化进行了较为深入的研究。这一时期，由于美国科学家舍伍德罗兰（Sherwood Rowland）和马文·莫丽娜（Mavio molina）以及德国科学家保罗·克鲁岑（Paul Crutzen）在判定 CFCs（氟氯烃）损耗平流层臭氧的作用方面所做的重大贡献，1995 年被授予诺贝尔化学奖。

（四）成熟阶段（1990—2000 年）

从 1998 年开始美国《化学文摘》在环境主题词下设置环境、环境分析、环境模拟、环境污染治理、环境生态毒理、环境污染迁移和环境标准等次主题词，美国化学会也下设了环境化学专业委员会，标志着环境化学在研究内容和研究对象方面的基本框架已趋于成熟。环境化学研究的某些重点领域取得突破性进展，许多研究成果被学术界所肯定，显示环境化学在解决许多重大环境问题方面所发挥的重要作用，进一步确立环境化学的学科地位。

二、我国环境化学的研究进展

我国的环境化学研究有 40 多年历史。近年来，在湖泊富营养化、水污染治理、垃圾处理、水体颗粒物和难降解有机污染物环境化学行为和生态毒理效应、大气化学和光化学反应动力学、对流层臭氧化学、有毒化学品的环境风险性评价基础、有毒有害化学品多元复合体系的多介质环境行为、胶体微界面动力学、区域酸雨的形成和控制天然有机物环境地球化学、有毒有机物的结构效应关系、烟气脱硫脱硝一体化技术、排气中 CO_2 固定技术、纳米光催化技术、废弃物无害化和资源化原理与途径以及其他环境工程技术等与环境化学相关的 16 个领域取得了一批重要的具有创新性的研究成果，在解决我国的重大环境问题和行政决策当中发挥了重要的作用。

我国的环境化学研究注意结合我国的资源和环境实际。如"稀土农用的环境化学行为及生态毒理效应研究"，是针对我国具有丰富的稀土资源现实开展的，解答了一些长期悬而未决的问题，提供了稀土农用的安全性评价基础数据，提出了农用稀土对环境生态、毒理等方面危险性的看法。又如"典型化学污染物在环境中的变化及生态效应"的研究中选择我国常用农药作为其中一种典型化学污染物，针对农业大国的我国农药和化学污染非常突出的实际。

由于我国的环境化学研究起步较晚、高水平研究人才缺乏等原因，目前我国的环境化学研究还未能为许多重大环境问题的解决提供有效的办法。许多环境化学的基础领域与国际先进水平相比还存在较大差距研究方法、实验技术研究思路还缺乏独创性、系统性和综合性。在若干环境化学领域的研究尚为空白。研究项目跟踪国际水平的多，原始创新的少；研究成果停留在论文阶段的多，付诸产业化的少。

第二章 现代水环境化学原理

水环境化学的主要内容是在了解天然水的基本组成和性质的基础上，从化学过程和原理方面阐述天然水中的各种化学平衡问题和无机污染物，尤其是重金属离子、有机污染物在天然水体中的分布、迁移、转化和归宿规律，从而为水污染控制和水资源保护提供科学依据。本章主要从天然水的组成与性质、水体中的主要污染物等几个方面展开了深入研究。

第一节 天然水的组成与性质

一、天然水的组成

天然水中一般含有可溶性物质和悬浮物质，其中可溶性物质的成分非常复杂，主要是在风化过程中经水溶解迁移的地壳矿物质。悬浮物质主要包括悬浮物、颗粒物、水生生物等。

（一）主要离子组成

天然水中的离子主要是源于岩石的风化过程，是经水溶解迁移的地壳矿物质。

1. 天然水中的主要阳离子

天然水中的主要阳离子有 Ca^{2+}、Mg^{2+}、Na^+、K^+、Fe^{3+}、Al^{3+} 和 Mn^{2+} 等。Ca^{2+} 在天然水中的含量一般为 $25 \sim 636$ mg/L，多以水合离子的形式存在，是淡水中的主要阳离子。

Mg^{2+} 存在于所有天然水中，其含量一般为 $8.5 \sim 242$ mg/L，多以水合离子的形式存在。水中含钙、镁离子的总量称为水的总硬度，其中钙离子是硬水的主要成分。

Na^+ 在天然水中的含量为 $1.0 \sim 124$ mg/L，淡水中都含有 Na^+，但其含量远小于 Ca^{2+} 和 Mg^{2+}。Na^+ 极易溶解，在环境中很难沉淀，但可被黏土矿物等吸附。

K^+ 在天然水中的含量为 $0.8 \sim 2.8$ mg/L，主要以离子形式存在，和 Na^+ 一样，K^+ 在环境中难于沉淀。

Fe^{3+}、Al^{3+} 和 Mn^{2+} 在水体中的分布很广，其含量一般小于 1 mg/L。Fe^{3+}、Al^{3+} 多以 Fe（OH）$_3$、Al（OH）Cl_2、Al（OH）$_2$Cl、Al（OH）$_3$ 等胶体形式存在。Mn^{2+} 容易氧化形成水合 MnO_2。

天然水中还含有种类繁多但含量非常低的其他阳离子。

2. 天然水中的主要阴离子

天然水中的主要阴离子有 SO_4^{2-}、Cl^-、HCO_3^- 和 CO_3^{2-} 等。SO_4^{2-} 在天然水中的含量

一般为 5.6 ~ 817 mg/L，在湿润地区的地表水中含量较低，干旱地区地表水和地下水则每升可达到几千毫克。SO 常以离子、水合离子和络合物等形式存在。

在未受污染的水体中，C 是一种微量元素，在天然淡水中的每升含量通常为几毫克至几十毫克，但每升盐湖水中 C 的含量可高达一百多克。Cl 的地球化学行为比较简单，一般不参加氧化反应，在水中多以离子形式存在。

HCO_3^- 和 CO_3^{2-} 是天然水中的主要阴离子。HCO_3^- 和 CO_3^{2-} 离子浓度的变化幅度为 17 ~ 622 mg/L，在河水和湖水中的含量一般不超过 250 mg/L，CO_3^{2-} 的含量每升仅为几毫克，地下水中两者的含量略高些。

当水中存在 CO_2 时，推动平衡向右移动，碳酸钙溶解。在水分蒸发或温度升高时，CO_2 逸出，平衡向左移动，碳酸钙又沉淀出来。

Ca^{2+}、Mg^{2+}、Na^+、K^+、SO_4^{2-}、Cl^-、HCO_3^- 和 HCO_3^- 等八种离子是天然水体中构成矿化度的主要物质，在一般情况下，这几种离子占水全部化学组成的 95% ~ 99%。水中的这些主要离子的分类，常用来作为表征水体主要化学特征的指标，如表 2-1 所示。

表 2-1 水中的主要离子组成

硬度	酸	碱金属	阳离子
Ca^{2+}，Mg^{2+}	H^+	Na+，K+	
HCO_3^-，CO_3^{2-}，OH^-		SO_4^{2-}，Cl^-，NO_3^-	阴离子
碱度		酸根	

天然水中常见的主要离子总量可以粗略地作为水中的总含盐量（TDS）。

$$TDS = [Ca^{2+} + Mg^{2+} + Na^+ + K^+] + [HCO_3^- + SO_4^{2-} + Cl^-]$$

当 TDS 超过一定数值后将对环境产生影响。如：我们把含盐量大于 1000 mg/L 的矿井水称为高矿化度矿井水。据不完全统计，我国煤矿高矿化度矿井水的含盐量一般在 1000 ~ 3000 mg/L，少量矿井的矿井水含盐量达 4000 mg/L 以上。这类矿井水的水质多数呈中性或偏碱性，且带苦涩味，因此也称苦咸水。因这类矿井水的含盐量主要来源于 Ca^{2+}、Mg^{2+}、Na^+、K^+、SO_4^{2-}、HCO_3^-、Cl^- 等离子，所以硬度往往较高。

产生高矿化度矿井水的主要原因：由于我国部分地区降雨量少，蒸发量大，气候干旱，蒸发浓缩强烈，而地层中盐分增高，地下水补给、径流、排泄条件差，使地下水本身矿化度较高，所以矿井水的矿化度也高；当煤系地层中含有大量碳酸盐类岩层及硫酸盐薄层时，矿井水随煤层开采，与地下水广泛接触，加剧可溶性矿物溶解，使矿井水中的 Ca^{2+}、Mg^{2+}、SO_4^{2-}、HCO_3^-、CO_3^{2-} 增加；当开采高硫煤层时因硫化物气化产生游离酸，游离酸再同碳酸盐矿物、碱性物质发生中和反应，使矿井水中 Ca^{2+}、Mg^{2+}、SO_4^{2-} 等离子增加；有些地区是由于地下咸水侵入煤田，使矿井水呈高矿度化水。

（二）水中的腐殖质

未受污染的天然水中有机物的含量很低，但有机物的种类却非常丰富。天然水中有机物大体可以分为两大类：腐殖质和非腐殖质。非腐殖质主要是碳水化合物、脂肪酸、蛋白质、氨基酸、色素、纤维，以及其他低分子量有机物，它们都能被生物降解为简单无机物，因此水体中大部分的天然有机物主要是腐殖质。腐殖质是植物残体中不易被微生物分解的部分，如油类、蜡、树脂及木质素等残余物与微生物的分泌物相结合形成的一种褐色或黑色的无定形胶态复合物。腐殖质分布很广，它大量存在于土壤、底泥湖泊、河流以及海洋中。腐殖质的组成和结构目前还不是十分清楚，其分类和命名也不尽统一。按照腐殖质在碱和酸中的溶解情况，把它们分为三个主要等级：一是富里酸，它又称黄腐酸，是既可溶于碱又可溶于酸的部分，分子量在几百到几千；二是腐殖酸，又称棕腐酸，它只能溶于稀碱中，其碱萃取液酸化后就沉淀，分子量由几千到几万；三是胡敏素，又称腐黑物，它是用稀碱和稀酸都不能萃取出来的腐殖质部分。

腐殖质与其他天然大分子物质不同，它没有完整的结构和固定的化学构型。它们可以被认为是那些在土壤底泥等特殊环境里瞬时可得的酚类单元随机聚集的芳香多聚物，因此很多不同来源的腐殖质，其性质在总体上都是相似的。腐殖质的分子具有收缩性和膨胀性，是很好的吸附剂，能与金属离子、金属水合物及有机物产生广泛的作用，如吸附、络合、增溶等，与金属和有机物在水环境中的迁移、转化行为密切相关。众多研究表明腐殖质有如下共性。

①抗微生物降解性。这是水体经常产生污泥淤积的重要原因。

②络合能力强。腐殖质易与金属离子、金属水合氧化物和有机物形成络合物或螯合物。

③凝聚性。腐殖质可以被看作是大离子的真溶液或带负电荷的亲水胶体，能被电解质所凝聚。

④弱酸性。

⑤性质相似性。不同来源的腐殖质在总体上具有相似的性质，但会随区域和自然环境的具体条件不同而在组成和性质上有细微差别。

（三）水生生物

水生生物通过代谢、摄取、转化、存储和释放等作用直接影响水体中许多物质的迁移、转化与归宿。水生生物可以分为自养生物和异养生物。自养生物利用太阳能或化学能，把无机元素转化为有机物质，组成生命体，CO_2、NO_3^- 和 PO_4^{3-} 是常见的自养生物的 C、N、P 源。异养生物利用自养生物合成的有机物作为能源及合成其自身生命的原始物质。

水生生物受水体理化性质影响明显。温度、透光度和水体的搅动是影响水生生物的最主要的物理性质。低温，生物过程缓慢，高温则对大多数水生生物都是毁灭性的，仅仅几度的温差会使水生生物的种类发生很大的变化。水的透光度决定着藻类的生长。搅动对水的迁移及混合过程是一个重要因素，通常适当的搅动对水生生物是有利的，它有助于把营养物质输送给生物，并把生物产生的废物带走。

氧是水体中决定生物范围和种类的关键物质。氧的缺乏会导致许多好氧生物死亡，氧的存在能够杀死许多厌氧细菌。在测定河流及湖泊的生物特征时，首先要测定水中溶解氧的浓度。

水体产生生物体的能力称为生产率。水的生产率通常由水中营养物质决定，水生植物需要供给适量的 C、N、P 元素及痕量元素，在许多情况下，P 是限制性营养物。一般情况下，饮用水需要低生产率，鱼类则需要较高的生产率。在高生产率的水中藻类生长旺盛，死藻的分解引起水中溶解氧浓度降低，这种现象常称为富营养化。

CO_2 由水中及沉积物中的呼吸作用产生，也可从大气进入水体。CO_2 是藻类光合作用的原料，水体中有机物降解产生的高浓度的 CO_2 能引起藻类的过量生长和水体的超生产率，在这种情况下 CO_2 是一个限制因素。

二、天然水的基本性质

（一）碳酸平衡

大气中的 CO_2 在水中形成酸，可与岩石中的碱性物质发生反应，水中的 CO_2 也可以通过沉淀反应变为沉积物从水中失去。在水与生物体之间的生物化学交换中，CO_2 占有独特地位，溶解的碳酸盐化合态与岩石圈和大气圈进行均相、多相的酸碱反应和交换反应，在调节天然水体的 pH 值和组成方面起着重要作用。

（二）酸度和碱度

1. 质子平衡

根据酸碱质子理论，酸碱反应的本质是质子的传递。当反应达到平衡时，酸失去质子物质的量应与碱得到质子物质的量相等，据此列出失质子产物与得质子产物的浓度关系式，称质子平衡，亦称质子条件。它是计算各类酸、碱溶液酸度、碱度的依据。

2. 酸度

酸度是指水中能与强碱发生中和作用的全部物质。组成水中酸度的物质主要是强酸（如 HCl、HNO_3 等）、弱酸（如 H_2CO_3、H_2S、蛋白质及各种有机酸等）和强酸弱碱盐（如 $FeCl_3$、$Al_2(SO_4)_3$ 等）。

3. 碱度

碱度是指水中能与强酸发生中和作用的全部物质。组成水中碱度的物质主要是强碱（如 NaOH、$Ca(OH)_2$、KOH 等）、弱碱（如 NH_3、苯胺等）、强碱弱酸盐（如碳酸盐、重碳酸盐、磷酸盐和腐殖酸盐等）。弱碱和强碱弱酸盐在与强酸的中和作用过程中，可以不断产生 OH^-，直至全部被中和。

在测定碱度的过程中，中和作用进行的程度不同，所得碱度亦不同。当用一个强酸标准溶液滴定，用甲基橙做指示剂滴定至溶液由黄色变为橙红色时（pH 约为 4.3），停止滴定，此时所得的结果称为总碱度，也叫甲基橙碱度。

（三）水的硬度

水的总硬度是指水中 Ca^{2+}、Mg^{2+} 的总量，它包括暂时硬度和永久硬度。水中 Ca^{2+}、Mg^{2+} 以酸式碳酸盐形式存在的部分，因其遇热即形成碳酸盐沉淀而被除去，故称为暂时硬度；而以硫酸盐、硝酸盐和氯化物等形式存在的部分，因其性质比较稳定，故称为永久硬度。

硬度又分为钙硬度和镁硬度，钙硬度是由 Ca^{2+} 引起的，镁硬度是由 Mg^{2+} 引起的。

水的硬度是表示水质的一个重要指标，对工业用水来说关系很大。水的硬度是形成锅垢和影响产品质量的主要因素。

（四）缓冲能力

天然水体的 pH 值一般在 6 ~ 9 之间，且对于某一水体，其 pH 值几乎保持不变，这表明天然水体有一定的缓冲能力，是一个缓冲体系。一般认为，水中含有的各种碳酸化合物控制着水的 pH 值并具有缓冲作用，但近期研究表明，水体和周围环境之间有多种物理、化学和生物化学作用，它们对水体的缓冲能力也有重要影响。但碳酸化合物仍是水体缓冲作用的重要因素，一般可根据它的存在情况来估算水体的缓冲能力。

第二节　水体中的主要污染物

一、无机污染物

对环境造成污染的无机物称为无机污染物。水体中的无机污染物包括无机阴离子、金属及其化合物。当无机元素以不同价态或以不同化合物的形式存在时其环境化学行为和生物效应大不相同。

（一）无机阴离子

1.硫化物

在厌氧细菌的作用下，硫酸盐还原或含硫有机物的分解产生的硫化物，通过地下水（特别是温泉水）及生活污水进入水体，某些工矿企业，如焦化、造气、选矿、造纸、印染和造革等工业废水亦含有硫化物。

水中硫化物包括溶解的 H_2S、HS^-、S^{2-}，硫化物是水体污染的一项重要指标（清洁水中，硫化氢的嗅觉阈值为 0.035 g/L）。

2. 氰化物

氰化物（cyanide）主要来源于电镀废水、焦炉和高炉的煤气洗涤水，合成氨、有色金属选矿、冶炼、化学纤维生产、制药等各种工业废水。水中氰化物以 CN^-、HCN 和配合氰化物形式存在。

3. 硫酸盐

硫酸盐（sulfate）在自然界分布广泛，地表水和地下水中硫酸盐来源于岩石土壤中矿物组分的风化和淋溶，金属硫化物氧化也会使硫酸盐含量增大。水中少量硫酸盐对人体健康无影响，但超过 250 mg/L 时有致泻作用。饮用水中硫酸盐的含量不应该超过 250 mg/L。

4. 氯化物

氯化物（chloride）是水和废水中一种常见的无机阴离子（Cl^-）。几乎所有天然水中都有氯离子存在，它的含量范围变化很大。在河流、湖泊、沼泽地区，氯离子含量一般较低，而在海水、盐湖及某些地下水中，含量可高达每升数十克。在人类的生存活动中，氯化物有很重要的生理作用及工业用途。正因为如此，在生活污水和工业废水中，均含有相当数量的氯离子。若饮水中氯离子含量达到 250 mg/L，相应的阳离子为钠时，会感觉到咸味；水中氯化物含量高时，会损害金属管道和构筑物，并妨碍植物生长。

5. 氟化物

氟化物（fluoride）是人体必需元素之一，缺氟易患龋齿病，饮水中含氟的适宜浓度为 0.5 ~ 1.0 mg/L。当长期饮用含氟量高达 1 ~ 1.5 mg/L 的水时，则易患斑齿病，如水中含氟量高于 4 mg/L 时，则使人骨骼变形，可导致氟骨症和损害肾脏等。氟化物对许多生物都具有明显毒性。

6. 碘化物

天然水中碘化物（iodide）含量极低，一般每升仅含微克级的碘化物。成人每日生理需碘量在 100 ~ 300 μg 之间，来源于饮水和食物。当水中含碘量小于 10 μg/L 或平均每人每日碘摄入量小于 40 μg 时，即会不同程度地患上地方性甲状腺肿。

（二）金属污染物

1. 镉

工业含镉（cadmium）废水的排放，大气镉尘的沉降和雨水对地面的冲刷，都可使镉进入水体。镉是水迁移性元素，除了硫化镉外，其他镉的化合物均能溶于水。在水体中镉主要以 Cd2+ 状态存在。进入水体的镉还可与无机和有机配体生成多种可溶性配合物如 $[Cd(OH)]^+$、$Cd(OH)_2$、$CdCl_2$、$[CdCl_3]^-$、$[CdCl_4]^{2-}$、$[Cd(NH_3)_2]^{2+}$、$[Cd(NH_3)_3]^{2+}$、$[Cd(NH_3)_4]^{2+}$、$[Cd(NH_3)_5]^{2+}$、$Cd(HCO_3)_2$、$Cd(HCO_3)_3^-$、$CdCO_3$、$[CdHSO_4]^+$、$CdSO_4$ 等。实际上天然水中镉的溶解度受碳酸根或羟基浓度所制约。

水体中悬浮物和沉积物对镉有较强的吸附能力。已有研究表明，悬浮物和沉积物中镉的含量占水体总镉量的 90% 以上。

水生生物对镉有很强的富集能力。据 Fassett 报道，对 32 种淡水植物的测定表明，所含镉的平均浓度可高出邻接水相 1000 多倍。因此，水生生物吸附、富集是水体中重金属迁移转化的一种形式，通过食物链的作用可对人类造成严重威胁。众所周知，日本的"痛痛病"就是由于长期食用含镉量高的稻米所引起的中毒。

2. 汞

天然水体中汞（mercury）的含量很低，一般不超过 1.0 $\mu g/L$。水体汞的污染主要来自生产汞的厂矿、有色金属冶炼以及使用汞的生产部门排出的工业废水。尤以化工生产中汞的排放为主要污染来源。

水体中汞以 Hg^{2+}、$Hg(OH)_2$、CH_3Hg^+、$CH_2Hg(OH)$、CH_3HgCl、$C_6H_5Hg^+$ 为主要形态。在悬浮物和沉积物中以 Hg^{2+}、HgO、HgS、$CH_3Hg(SR)$、$(CH_3Hg)_2S$ 为主要形态。在生物相中，汞以 Hg^{2+}、CH_3Hg^+、CH_3HgCH_3 为主要形态。汞与其他元素形成配合物是汞能随水流迁移的主要因素之一。当天然水体中含氧量减少时，水体氧化还原电位可能降至 50～200 mV，从而使 Hg^{2+} 易被水中有机质、微生物或其他还原剂还原为 Hg，即形成气态汞，并由水体逸散到大气中。罗根勒曼（Lerman）认为，溶解在水中的汞有 1%～10% 转入大气中。

水体中的悬浮物和底质对汞有强烈的吸附作用。水中悬浮物能大量摄取溶解性汞，使其最终沉降到沉积物中。水体中汞的生物迁移在数量上是有限的，但由于微生物的作用，沉积物中的无机汞能转变成剧毒的甲基汞而不断释放至水体中，甲基汞有很强的亲脂性，极易被水生生物吸收，通过食物链逐级富集最终对人类造成严重威胁，它与无机汞的迁移不同，是一种危害人体健康与威胁人类安全的生物地球化学迁移。日本著名的"水俣病"就是食用含有甲基汞的鱼类造成的。

3. 铅

由于人类活动及工业的发展，几乎在地球上每个角落都能检测出铅（lead）。矿山开采、金属冶炼、汽车废气、燃煤、油漆、涂料等都是环境中铅的主要来源。岩石风化及人类的生产活动，使铅不断由岩石向大气、水、土壤、生物转移，从而对人体的健康构成潜在威胁。

淡水中铅的含量为 0.06～120 $\mu g/L$，中值为 3 $\mu g/L$。天然水中的铅主要以 Pb^{2+} 状态存在，其含量和形态明显地受 CO_3^{2-}、SO_4^{2-}、OH^- 和 Cl^- 等含量的影响，铅可以 $[Pb(OH)]^+$、$Pb(OH)_2$、$PbCl^+$、$PbCl_2$ 等多种形态存在。在中性和弱碱性的水中，铅的含量受 $Pb(OH)_2$ 限制。水中铅含量取决于 $Pb(OH)_2$ 的溶度积。在偏酸性天然水中，水中 Pb^{2+} 含量被 PbS 限制。

水体中悬浮颗粒物和沉积物对铅有强烈的吸附作用，因此铅化合物的溶解度和水中固体物质对铅的吸附作用是导致天然水中铅含量低、迁移能力小的重要因素。

4. 砷

岩石风化、土壤侵蚀、火山作用以及人类活动都能使砷（arsenic）进入天然水体中。淡水中砷含量为 $0.2 \sim 230$ $\mu g/L$，平均为 1.0 $\mu g/L$。饮用水中砷含量必须小于 $10^3 g/L$。天然水中砷可以 H_3AsO_3、$H_2AsO_3^-$、H_3AsO_4、$H_2AsO_4^-$、$HAsO_4^{2-}$、AsO_4^{3-} 等形态存在，在适中的氧化还原电位（Eb）值和 pH 值呈中性的水中，砷主要以 H_3AsO_3 为主。但在中性或弱酸性富氧水体环境中则以 $H_2AsO_4^-$、$HAsO_4^{2-}$ 为主。

砷可被颗粒物吸附、共沉淀而沉积到底部沉积物中。水生生物能很好富集水体中无机和有机砷化合物。水体无机砷化合物还可被环境中厌氧细菌还原而产生甲基化，形成有机砷化合物。但一般认为甲基胂酸及二甲基胂酸的毒性仅为砷酸钠的 1/200，因此，砷的生物有机化过程，亦可认为是自然界的解毒过程。

5. 铬

铬（chromium）是广泛存在于环境中的元素。冶炼、电镀、制革、印染等工业将含铬废水排水体，均会使水体受到污染。天然水中铬的含量在 $1 \sim 40$ $\mu g/L$，主要以 Cr^{3+}、CrO_2^-、CrO_4^{2-}、$Cr_2O_7^{2-}$ 四种离子形态存在，因此水体中铬主要以三价和六价铬的化合物为主。铬存在形态决定着其在水体的迁移能力，三价铬大多数被底泥吸附转入固相，少量溶于水，迁移能力弱。六价铬在碱性水体中较为稳定并以溶解状态存在，迁移能力强。因此，水体中若三价铬占优势，可在中性或弱碱性水体中水解，生成不溶的氢氧化铬和水解产物或被悬浮颗粒物强烈吸附，主要存在于沉积物中。若六价铬占优势则多溶于水中。

六价铬毒性比三价铬大。它可被还原为三价铬，还原作用的强弱主要取决于 DO、五日生化需氧量（BOD_5）、化学需氧量（COD）值。DO 值越小，BOD_5 值和 COD 值越高，则还原作用越强。因此，水中六价铬，可先被有机物还原成三价铬，然后被悬浮物强烈吸附而沉降至底部颗粒物中。这也是水中六价铬的主要净化机制之一。由于三价铬和六价铬能相互转化，所以近年来又倾向考虑以总铬量作为水质标准。

6. 铜

铜（copper）是人体必需的微量元素，成人每日的需要量估计为 $2 \sim 3$ mg，天然水体中的铜主要来源于岩石和土壤的风化过程，水生动植物的残体也是水环境中铜的一个重要来源。近年来，水环境中铜的含量迅速增加，主要来源包括硫酸铜杀虫剂和杀菌除藻剂的使用、冶炼、金属加工、机器制造、有机合成及其他工业排放含铜废水。水生生物对铜特别敏感，故渔业用水铜的容许含量为 0.01 mg/L，是饮用水容许含量的百分之一。淡水中铜的含量平均为 3 $\mu g/L$，其水体中铜的含量与形态都明显地与 OH^-、CO_3^{2-} 和 Cl^- 等含量有关，同时受 pH 值的影响。如 pH 值为 $5 \sim 7$ 时，以碱式碳酸铜 $Cu_2(OH)_2CO_3$ 溶解度最大，二价铜离子存在较多；当 pH > 8 时，则 $Cu(OH)_2$、$[Cu(OH)_3]^-$、$CuCO_3$ 及 $[Cu(CO_3)_2]^{2-}$ 等铜形态逐渐增多。

水体中大量无机和有机颗粒物，能强烈地吸附或螯合铜离子，使铜最终进入底部沉积物中，因此，河流对铜有明显的自净能力。

7. 锌

锌（zinc）是人体必不可少的有益元素，成人每日的需要量估计为 15 ~ 20 g。天然水中锌含量为 2 ~ 330 g/L，但不同地区和不同水源的水体，锌含量有很大差异。水中的锌来自岩石化、土壤淋溶、水土流失、大气降雨及动、植物体的分解，各种工业废水的排放是引起水体锌污染的主要原因。天然水中的锌以二价离子状态存在，但在天然水的 pH 值范围内，锌都能水解生成多核羟基配合物 $[Zn(OH)n]^{2-n}$，还可与水中的 Cl^-、有机酸、氨基酸、植物中的植酸、纤维素和半纤维素等形成可溶性配合物。锌可被水体中悬浮颗粒物吸附或与沉淀物、亲水离子、氧化锰等一起沉淀，生成化学沉积物向底部沉积物迁移，因此，在河川底泥中锌的平均浓度可高达 1000 ~ 4000 $\mu g/g$。水生生物对锌有很强的吸收能力，可使锌向生物体内迁移，富集倍数达 10^3 ~ 10^5。

8. 铊

铊（thallium）是稀散元素，大部分铊以分散状态的同晶形杂质存在于铅、锌、铁、铜等硫化物和硅酸盐矿物中。铊在矿物中替代了钾和铷。黄铁矿和白铁矿中有最大的含铊量。目前，铊主要从处理硫化矿时所得到的烟道灰中制取。

天然水中铊含量为 1.0 $\mu g/L$，但受采矿废水污染的河水含铊量可达 80 g/L，水中的铊可被黏土矿物吸附迁移到底部沉积物中，使水中铊含量降低。环境中 $Tl(I)$ 化合物的稳定性比 $Tl(III)$ 化合物的稳定性好。Tl_2O 溶于水，生成水合物 TOH，其溶解度很高，并且有很强的碱性。Tl_2O_3 几乎不溶于水，但可溶于酸。铊对人体和动植物都是有毒元素。

9. 镍

岩石风化，镍矿的开采、冶炼及使用镍化合物的各个工业部门排放废水等，均可导致水体镍（nickel）污染。天然水中镍含量约为 1.0 g/L，常以卤化物、硝酸盐、硫酸盐以及某些无机和有机配合物的形式溶解于水中。水中可溶性离子能与水结合形成水合离子 $[Ni(H_2O)_6]^{2+}$，与氨基酸、胱氨酸、富里酸等形成可溶性有机配合离子随水流迁移。

水中镍可被水中悬浮颗粒物吸附、沉淀和共沉淀，最终迁移到底部沉积物中，沉积物中镍含量为水中含量的 3.8 万 ~ 9.2 万倍。水体中的水生生物也能富集镍。

10. 铍

目前，铍（beryllium）只是局部污染。主要来自生产铍的矿山、冶炼及加工厂排放的废水和粉尘。天然水中铍的含量很低，为 0.005 ~ 2.0 g/L。溶解态的 Be^{2+} 可水解为 $[Be(OH)]^+$、$[Be_3(OH)_3]^{3+}$ 等羟基或多核羟基配合离子；难溶态的铍主要为 BeO 和 $Be(OH)_2$。天然水中铍的含量和形态取决于水的化学特征，一般来说，铍在接近中性或酸性的天然水中以 Be^{2+} 形态存在为主，当水体 pH > 7.8 时，则主要以不溶的 $Be(OH)_2$ 态存在，并聚集在悬浮物表面，沉降至底部沉积物中。

11. 铝

铝（aluminum）是自然界中的常量元素，正常人每天摄入量为 10 ~ 100 g，由于铝的盐类不易被肠壁吸收，所以在人体内含量不高。铝的毒性不大，过去曾列为无毒的微量元素并能拮抗铅的毒害作用。后经研究表明，过量摄入铝能干扰磷的代谢，对胃蛋白酶的活性有抑制作用，且对中枢神经有不良影响。因此，对洁净水中铝的含量世界卫生组织的控制值为 0.2 g/L。冶金工业、石油加工、造纸、罐头和耐火材料、木材加工、防腐剂生产、纺织等工业排放废水中都含较高的铝。氯化铝、硝酸铝、乙酸铝毒性较大。当铝含量不高时，可促进作物生长和增加其中维生素 C 的含量。当大量铝化合物随污水进入水体时，可使水体自净作用减慢。例如，硝酸铝浓度达到 1.0 g/L 时，水生生物繁殖会受到抑制，硫酸铝达到 15 g/L 时，水体自净作用受到抑制。

二、有机污染物

（一）农药

水中常见的农药概括起来，主要为有机氯农药和有机磷农药，此外还有氨基甲酸酯类农药。它们通过喷施农药、地表径流及农药工厂的废水排入水体中。

有机氯农药由于难以被化学降解和生物降解，因此，在环境中的滞留时间很长，由于其具有较低的水溶性和高的辛醇水分配系数，故很大一部分被分配到沉积物有机质和生物脂肪中。在世界各地区土壤、沉积物和水生生物中都已发现这类污染物，并有相当高的含量。与沉积物和生物体中的含量相比，水中农药的含量是很低的。目前，有机氯农药如滴滴涕（DDT）由于它的持久性和通过食物链的累积性，已被许多国家禁用。一些污染较为严重的地区，淡水体系中有机氯农药的污染已经得到一定程度的遏制。

有机磷农药和氨基甲酸酯农药与有机氯农药相比，较易被生物降解，它们在环境中的滞留时间较短。在土壤和地表水中降解速率较快，杀虫力较高，常用于消灭那些不能被有机氯杀虫剂有效控制的害虫。对于大多数氨基甲酸酯类和有机磷杀虫剂来说，由于它们的溶解度较大，其沉积物吸附和生物累积过程是次要的，然而当它们在水中含量较高时，有机质含量高的沉积物和脂质含量高的水生生物也会吸收相当量的该类污染物。目前在地表水中能检出的不多，污染范围较小。

此外，近年来除草剂的使用量逐渐增加，可用来杀死杂草和水生植物。它们具有较高的水溶解度和低的蒸气压，通常不易发生生物富集、沉积物吸附和从溶液中挥发等反应。根据它们的结构性质，主要分为有机氯除草剂、氮取代物、脲基取代物和二硝基苯胺除草剂四个类型。这类化合物的残留物通常存在于地表水体中，除草剂及其中间产物是污染土壤、地下水以及周围环境的主要污染物。

（二）多氯联苯

多氯联苯（polychlorinated biphenyls，PCBs）是联苯经氯化而成。氯原子在联苯的不同位置取代 1 ~ 10 个氢原子，可以合成 210 种化合物，通常获得的为混合物。由于它的化学稳定性和热稳定性较好，被广泛用于作为变压器和电容器的冷却剂、绝缘材料、耐腐蚀的涂料等。PCBs 极难溶于水，不易分解，但易溶于有机溶剂和脂肪，具有高的辛醇水分配系数，能强烈地分配到沉积物有机质和生物脂肪中，因此，即使它在水中含量很低时，在水生生物体内和沉积物中的含量仍然可以很高。由于 PCBs 在环境中的持久性及对人体健康的危害，1973 年以后，各国陆续开始减少或停止生产。

（三）卤代脂肪烃

大多数卤代脂肪烃（halohydrocarbon）属挥发性化合物，可以挥发至大气，并进行光解。对于这些高挥发性化合物，在地表水中能进行生物或化学降解，但与挥发速率相比，其降解速率是很慢的。卤代脂肪烃类化合物在水中的溶解度高，因而其辛醇水分配系数低。在沉积物有机质或生物脂肪层中的分配的趋势较弱，大多通过测定其在水中的含量来确定分配系数。

（四）醚类

有七种醚类（ethers）化合物属美国联邦环境保护局（EPA）优先污染物，它们在水中的性质及存在形式各不相同。其中五种，即双 –（氯甲基）醚、双 –（2– 氯甲基）醚、双（2– 氯异丙基）醚、2– 氯乙基乙烯基醚及双 –（2 氯乙氧基）甲烷大多存在于水中，辛醇 – 水分配系数很低，因此它的潜在生物积累和在底泥上的吸附能力都低。4– 氯苯苯基醚和 4– 溴苯苯基醚的辛醇 – 水分配系数较高，因此有可能在底泥有机质和生物体内累积。

（五）单环芳香族化合物

多数单环芳香族化合物（monocyclic aromatics）也与卤代脂肪烃一样，在地表水中主要是挥发，然后是光解。它们在沉积物、有机质或生物脂肪层中的分配趋势较弱。在优先污染物中已发现六种化合物，即氯苯、1, 2– 二氯苯、1, 3– 二氯苯、1, 4– 二氯苯、1, 2, 4– 三氯苯和六氯苯可被生物累积。但总的来说，单环芳香族化合物在地表水中不是持久性污染物，其生物降解和化学降解速率均比挥发速率低（个别除外），因此，对这类化合物，吸附和生物富集均不是重要的迁移转化过程。

（六）苯酚类和甲酚类

酚类化合物（phenols）具有高的水溶性、低辛醇 – 水分配系数等性质，因此，大多数酚并不能在沉积物和生物脂肪中发生富集，主要残留在水中。然而，苯酚分子氯代程度增高时，其化合物溶解度下降，辛醇 – 水分配系数增加，如五氯苯酚等就易被生物累积。酚类化合物的主要迁移、转化过程是生物降解和光解，它在自然沉积物中的吸附及生物富集作用通常很小（高氯代酚除外），挥发、水解和非光解氯化作用通常也不很重要。

（七）酞酸酯类

酞酸酯类（diethyl phthalate）有六种列入优先污染物，除双 –（2– 甲基己基）酞酯外，其他化合物的资料都比较少，这类化合物由于在水中的溶解度小，辛醇 – 水分配系数高，因此主要富集在沉积物有机质和生物脂肪体中。

（八）多环芳烃类

多环芳烃（PAH）在水中溶解度很小，辛醇水分配系数高，是地表水中滞留性污染物，主要累积在沉积物、生物体内和溶解的有机质中。已有证据表明多环芳烃化合物可以发生光解反应，其最终归趋可能是吸附到沉积物中，然后进行缓慢的生物降解。多环芳烃的挥发过程与水解过程均不是重要的迁移转化过程，显然，沉积物是多环芳烃的蓄积库，在地表水体中其浓度通常较低。

三、热污染

由于人类的生产和生活活动，导致环境温度变化并对环境和人类产生影响的现象称为热污染（thermal pollution），水体热污染来源很多，一些火力发电厂、核电站、钢铁厂及各种工业过程中的冷却水，若不采取措施，直接排入水体，可引起地面水温度升高至308 ~ 313 K；水温升到足以使水生生物系统发生重大变化的现象，称为水体的热污染。热污染对水体的危害不仅仅是由于温度的提高直接杀死水中生物，而且温度升高后，水中溶解的氧减少，厌氧菌大量繁殖，同时，水温升高加快水中有机质的腐烂过程，使水中氧进一步降低。在这样不适宜的温度及缺氧的条件下，对水中生态系统的破坏是极严重的。

四、放射性污染

伴随放射性物质在近代科学技术和能源方面的应用，使放射性污染亦成为水质新的重要威胁。放射性污染（radioactive contamination）是指人类活动排出的放射性污染，使环境的放射性水平高于天然本底或超过国家规定的标准。水体放射性污染主要来自地球水域和矿床（如铀、钍、镭、磷酸盐等矿脉及尾矿），矿坑和洗矿废水，核反应堆冷却水和核燃料再生废水，核试验放射性沉降物等。这些放射性核素经自然沉降、雨水淋溶和径流冲刷等造成了局部地区及全球江河水系的放射性污染，对水体构成了一定的放射性污染，影响饮水水质，并且污染水生生物和土壤，通过食物链对人产生内照射。

第三节 有机污染物的迁移转化

一、有机污染程度的指标

水体中有机污染物的种类繁多、组成复杂，现代分析技术难以分别测定它们的含量。因此，只能利用它们共同的特点，用一些指标间接反映水体中有机物的污染程度。常见的指标有溶解氧、生化需氧量、化学需氧量、总有机碳和总需氧量。

（一）溶解氧（dissolved oxygen，DO）

溶解氧即在一定温度和压力下，水中溶解氧的含量，是水质的重要指标之一。水中溶解氧含量受到两种作用的影响，一是耗氧作用，包括耗氧有机物降解的耗氧、生物呼吸耗氧等，使 DO 下降；另一种是复氧作用，主要有空气中氧的溶解、水生植物的光合作用等，使 DO 增加。这两种作用的相互消长，使水中溶解氧含量呈现时空变化。此外，DO 随水温升高而降低，还随水深增加而减小。常温下，水体中 DO 为 8 ~ 14 mg/L；在水藻繁生的水中，DO 可能处于饱和状态；如果水体中的有机污染量较多，耗氧作用大于复氧作用，水中 DO 减少；有机物污染严重时，DO 为零。在缺氧的水体中，水生动植物生长将受到抑制，甚至死亡。例如，当 DO < 4mg/L 时，鱼类将死亡。因此测定水体中的溶解氧含量，可评价水体污染程度及自净状况。测定水中 DO 的方法有碘量法、叠氮化钠修正法、$KMnO_4$ 修正法和膜电极法，其中最常用的是碘量法。

（二）生化需氧量（biochemical oxygen demand，BOD）

水体中微生物分解有机物的过程中消耗水中的溶解氧量称为生化需氧量，通常用 BOD 表示，其单位为 mg/L。BOD 反映水体中可被微生物分解的有机物总量。有机物的微生物氧化分解分两个阶段进行。第一阶段主要是有机物被转化为无机的 CO_2、H_2O 和氨；第二阶段氨被转化为 NO_2^-、NO_3^-。第二阶段的环境影响较小，所以生化需氧量一般是指第一阶段有机物经微生物氧化分解所需的氧量。微生物分解有机物的速度和程度与温度、时间有关。如在 20℃时，通常生活污水中的有机物需要 20 d 左右才能基本完成第一阶段的生化氧化，但经过 5 d 也可完成第一阶段转化的 70% 左右。为缩短测定时间，同时使 BOD 值有可比性，因而采用在 20℃条件下，培养 5 d 测定生化需氧量作为标准方法，称为五日生化需氧量，以 BOD5 表示。BOD 基本上能反映有机物在自然状况下氧化分解所消耗的氧量，较确切说明需氧有机污染物对环境的影响。但 BOD 的测定时间长，对毒性大的废水因微生物活动受到抑制，而难以准确测定。若要尽快知道水中有机物的污染状况，可测定化学需氧量。

（三）化学需氧量（chemical oxygen demand，COD）

水体中能被氧化的物质在规定条件下进行化学氧化过程中所消耗氧化剂的量，以每升水样消耗氧的毫克数表示，通常称为 COD，其单位为 mg/L。水体的 COD 值越高，表示有机物污染越严重。水中各种有机物进行化学氧化反应的难易程度是不同的，因此，化学需氧量只表示在规定条件下，水中可被氧化物质的需氧量的总和。目前测定化学需氧量常用方法有 $KMnO_4$ 法和 $K_2Cr_2O_7$ 法，前者氧化性相对较弱，适用于测定较清洁的水样或者地表水水样，后者则用于污染严重的水样和工业废水。同一水样用上述两种方法测定的结果是不同的。因此，在报告化学需氧量的测定结果时要注明测定方法。

同生化需氧量相比较，COD 测定不受水质条件限制，测定时间短，但 COD 不能较好地表示出微生物所能氧化的有机物量。化学氧化剂不能氧化某些需氧有机物，但能氧化无机还原性物质（硫化物、亚铁等）。所以，作为需氧有机物污染的评价指标来说，化学需氧量不如生化需氧量合适。但在条件不具备或受水质限制不能做 BOD 测定时，可用 COD 代替。此外，在水质相对稳定的条件下，化学需氧量同生化需氧量之间有比较密切的相关性。一般，重铬酸钾法 COD > BOD5 >高锰酸钾法 COD。

（四）总有机碳（TOC）和总需氧量（TOD）

总有机碳（total organic carbon，TOC）是水中几乎全部有机物的含碳量。总需氧量（total oxygen demand，TOD）是水中几乎全部可被氧化的物质（基本上是有机物）变成稳定氧化物时所需的氧量。由于 BOD 测定费时，为实现快速反映有机污染程度的目的，而采用 TOC 与 TOD 测定法，一次测定只需 3 min 左右，可以连续自动测定。它们都可用化学燃烧法测定，前者测定结果以碳表示，后者则以氧表示需氧有机物的含量。它们是评价水中需氧有机污染物的一种指标。但是，总有机碳和总需氧量的测定绝不是水中有机物的完全氧化，测定时的氧化条件与自然界的氧化条件相差很远，对总需氧量有影响的无机物质未必是自然界的耗氧物质，以及测定器的标准化问题还未完全解决，所以不能把它们当作评价水体需氧有机污染物的万能指标。由于测定时耗氧过程不同，而且各种水体中有机物成分不同，生化过程差别也较大，所以各种水质之间，TOC 或 TOD 与 BOD5 不存在固定的相关性。在水质条件基本相同的条件下，水体 BOD5 与 TOC 或 TOD 之间有一定的相关性。

二、分配作用

水中有机物在水‐固体系中的分配作用，是指水中含有机质的固体物质对溶解在水中的憎水有机物表现出一种线性的等温吸附。直线的斜率只与该有机物在固体中的溶解度有关，即固体对有机物表现出一种溶解过程。这种过程与经典的有机物在水相和有机相中的溶解作用相似，服从分配定律，化学上通常把这种作用称为分配作用。

在一定温度下，溶质以相同的分子质量（即不离解、不缔合）在不相混溶的两相中溶解，即进行分配。当分配作用达到平衡时，溶质在两相中的浓度（严格来说是活度）的比值是一个常数。

三、挥发作用

挥发作用是有机物从水相转入气相的迁移过程，有机物在水体中的挥发性对其迁移转化具有现实意义。如果有机物具有高挥发性，那么在其迁移转化过程中，其挥发速率将是一个重要参数；如果有机物是低挥发性的，其挥发作用对其迁移转化的影响可以忽略。

四、化学降解

（一）氧化反应

有机物的氧化反应是指在有机物分子中的加氧或脱氢的反应。

各类有机物均能被氧化，化学氧化是有机物降解的重要方式之一。但各类有机物氧化的难易程度差别很大，如饱和的脂肪烃、含有苯环结构的芳香烃、含氮的脂肪胺类化合物等不易被氧化，不饱和的烯烃和炔烃、醇及含硫化合物（如硫醇、硫醚）等比较容易被氧化，最容易被氧化的是醛、芳香胺等有机物。

酚的化学氧化历程包括：被分子氧所氧化、被过氧化物氧化和电化学氧化，然后通过一系列过程得到稳定的最终产物。酚的结构不同，化学氧化速率不同，中间产物和反应历程也不同。水中酚的化学氧化及分解的各个过程可同时进行，每一过程的速度随环境的活化程度、空气的通入速度、酚的浓度及 pH 的不同而异。

应当指出，只含碳、氢、氧三种元素的有机物，其氧化产物是二氧化碳和水；含氮、硫、磷的有机物氧化的最终产物中除有二氧化碳和水以外，还分别有含氮、硫或磷的化合物。有机物氧化的最终结果是转化为简单的无机物。但实际水体中各类有机污染物种类繁多，结构复杂，它们的氧化是有限度的，往往不能分解完全。

（二）还原反应

在有机物分子中加氢或脱氧的反应称为有机物的还原反应。

有人在用重金属对催化还原 DDT、六六六方面做了大量工作。实验证明，Cu、Zn 或 Cu、Fe 金属对可将 DDT 还原为 DDD，将六六六还原为苯及氯离子。在反应中，Zn 或 Fe 起了还原剂作用，Cu^{2+} 起催化作用。实验还表明，在酸性条件下，由于氢离子浓度较高，故上述反应很快。但若在纯丙酮介质中，由于无氢离子，所以六六六不被金属对还原。因此，有机物还原时存在着溶剂效应和温度效应。

（三）水解作用

水解作用是有机物与水之间最重要的反应。在反应中，有机物的官能团 X^- 与水中的 OH^- 发生交换，其水解平衡为

$$RX+H_2O \rightleftharpoons ROH+HX$$

在环境条件下，能发生水解作用的有机物主要有以下几种。

①烷基卤、烯丙基卤、苄基卤等有机卤化物。

②脂肪酸酯、芳香酯和氨基甲酸酯等。

③膦酸酯、磷酸及硫代磷酸酯、卤代磷酸酯等。

④酰化剂、烷化剂和农药等。

⑤环氧化物和酰胺等。

水解作用改变了有机物的原有化学结构，是其在环境中消失的一条重要途径。通过水解作用，有机物结构发生了变化，其生成产物可能比原来的化合物更容易或更难挥发，与pH 有关的离子化水解产物的挥发性为零，而且水解产物一般比原来的化合物更易被微生物降解。水解产物通常毒性会降低，当然也有例外，如 2, 4-D 酯类的水解产物为 2, 4-D 酸，其毒性更强。影响水解速率的因素主要是 pH，温度、离子强度，某些金属的催化作用也会对水解速率产生影响。

五、光解作用

光解作用是有机物的真正分解过程，它强烈影响水中有机物的归趋。有机物的光解速率受水体化学因素、环境因素、光的吸收性质、光辐射强度和光迁移特征等影响。光解反应一般分为直接光解、间接光解（又称敏化光解）和氧化反应。

（一）直接光解

直接光解是有机物本身吸收太阳光后进行的分解反应。光解反应中，只有吸收光子的有机物才会进行分解反应，这一转化的先决条件是有机物的吸收光谱与太阳发射的光谱在水中能被利用的那部分辐射相匹配。太阳辐射及其在水中的基本特征为：进入水体的太阳光组成与大气有关，如大气层中的臭氧会吸收紫外光，从而削弱进入水体的紫外光强；进入水体的太阳光会发生折射，并且会因反射、散射等作用损失部分光强；任何天然水体对太阳光的吸收率基本不变。

虽然所有的光化学反应都吸收光子，但并不是每一个被吸收的光子都能引发一个光化学反应。因为，有机物吸收光子后，除了发生化学反应外，还可能产生磷光、荧光等再辐射，光子能量内转化为热能等。因此，一个分子被活化是由体系吸收光量子或光子进行的。

对于某一有机物，光量子产率是恒定的，对于许多有机物来说，在太阳光波长范围内，光量子产率值基本是不随波长变化。但环境条件影响光量子产率，如 O_2 在一些反应中是淬灭剂，但对其他反应却没有影响。因此，在测量光解速率常数或光量子产率时，需标明水中溶解氧的浓度。

水中颗粒物也影响光解速率，颗粒物会增加光的衰减，还会改变吸附在其上面的有机物的活性。化学吸附也影响光解速率，一种有机酸或碱的不同存在形式可能有不同的光量子产率，以及出现有机物的光解速率随 pH 变化等。

（二）间接光解

有些化合物能在吸收太阳光能后，将一部分过剩能量转移到另一种化合物上，引起后者反生反应，这一过程称为敏化反应。

（三）氧化反应

有机物在水中与一些受光解而产生的氧化剂发生反应，这些物质有纯态氧、烷基过氧自由基、羟基自由基等强氧化剂。这些强氧化剂是光化学反应的产物，因此水中有机物的这种氧化反应也是一种间接的光解反应。

六、生物作用

众多研究表明，生物转化是有机污染物转化为简单有机物和无机物的最主要途径之一。水体中的生物转化主要依赖于微生物通过酶催化反应实现对有机污染物的分解转化。微生物的种类繁多，有机物的微生物转化主要有两种代谢模式，一种是生长代谢，另一种是共代谢。这两种代谢的特征和转化速率差别很大。影响微生物转化有机污染物的因素很多，既有有机物本身的化学结构、微生物的种类，又有很多环境因素，如温度、溶解氧、pH 等。

（一）生长代谢

在生长代谢中，有机污染物是作为微生物的碳源和能源，通过为其提供生长基质和能量而被转化。通常只要用有机污染物作为微生物的唯一碳源，观察微生物能否生长，便可以鉴定是否属于生长代谢。在生长代谢中，微生物能够对有机污染物进行比较彻底的降解和矿化。

（二）共代谢

共代谢是指有机污染物不能作为微生物生长的唯一碳源和能源，必须有其他化合物存在提供微生物碳源和能源时，该有机物才能被微生物降解利用的现象。共代谢在难降解有机物的代谢过程中起重要作用，它可以通过几种微生物的一系列共代谢作用，使这些特殊有机物有被彻底降解的可能。共代谢的动力学特性不同于生长代谢，共代谢没有滞后期，降解速率一般比完全驯化的生长代谢慢，共代谢并不提供微生物任何能量，不影响微生物种群的多少，但共代谢速率与微生物种群的多少成正比。

（三）有机污染物的生物氧化

水中有机物可以通过微生物的作用，而逐步降解转化为无机物。在有机物进入水体后，微生物利用水中的溶解氧对有机物进行有氧降解，如果进入水体有机物不多，其耗氧量没有超过水体中氧的补充量，则溶解氧始终保持在一定的水平上，这表明水体有自净能力，经过一段时间有机物分解后，水体可恢复至原有状态。如果进入水体的有机物很多，溶解氧来不及补充，水体中溶解氧将迅速下降，甚至导致缺氧或无氧，有机物将变成缺氧分解。对于前者，有氧分解产物为 H_2O、CO_2、NO_3^-、SO_4^{2-} 等，不会造成水质恶化，而对于后者，

缺氧分解产物为 NH_3、H_2S、CH_4 等，将会使水质进一步恶化。

七、水体中某些有机污染物的降解

有机物在水环境介质中的降解是环境污染物自然净化的主要过程，它主要通过水解、氧化、光解、生物化学分解等途径来实现。水体中有些物质如碳水化合物、脂肪、蛋白质等比较容易降解；有机氯农药、多氯联苯、多环芳烃等难降解。

（一）有机农药的降解

目前世界上有机农药有 1000 多种，常用的大约有 200 多种。有机农药按用途可分为杀虫剂、杀菌剂、除草剂、选种剂等；按化学成分，农药则可分为有机氯农药、有机磷农药、有机汞农药、氨基甲酸酯类农药等。有机氯农药品种较多，大多数用作杀虫剂，如DDT、六六六、艾氏剂等；特点是化学性质稳定、不易分解、毒性较缓慢、残留时间长、微溶于水而溶于脂肪、蓄积性很强，水生生物对其的富集系数可高达几十万倍。有机氯农药目前已经限制使用，我国于 1983 年开始停止生产。有机磷农药大多数也用作杀虫剂，如对硫磷、敌百虫、敌敌畏等，其特点是毒性大，但易分解，蓄积作用微弱，因而对生态系统的影响不明显，有取代有机氯农药的趋势。氨基甲酸酯农药，如杀虫剂西维因、除草剂灭草灵、芽根灵等，这类农药对动物的毒性低，残留时间短，易于分解。有机汞农药多是杀菌剂，如赛力散、西力生等，由于汞污染，现已减少使用。

1. DDT 的降解

DDT 可以通过光化学、催化和生化反应降解。

（1）DDT 的光化学降解

在紫外光的作用下，DDT 可经碳碳键均裂过程而生成氯苯游离基，后者相互结合生成二氯联苯。这类光化反应中可能还伴生有三氯联苯、四氯联苯、3, 6- 二氯苯并呋喃等，并可按自由基历程生成多氯联苯。

（2）DDT 的催化降解

金属对可以通过催化还原降解 DDT。DDT 的脱氯反应可能有两种方式：即脱去一个氯原子变成 DDD，然后再脱氯得 DDMS 和 DDE；或是同时脱去三个氯原子得到 DDE。DDD 的毒性与 DDT 相当，而 DDE 的毒性不及 DDT 的千分之一，所以它是 DDT 还原降解最理想的产物。

（3）DDT 的生化降解

关于 DDT 的生化降解研究得较多，有人曾用各种微生物在缺氧和有氧条件下做培养试验。在不同情况下检出的降解产物包括 DDD、DDE、DDMV、DDMS、DDNV、DDA、DDM、DBH、DBP、Kelthane 和 DDCN 等。DDT 的降解途径目前还没有弄清楚。不同微生物对 DDT 的降解并不完全相同，然而 DDE 及 DDD 是一般的降解产物，其中 DDE 要比 DDD 稳定得多。DDCN 是下水道污泥中厌氧降解的一个主要产物，据推测

DDCN 经化学过程形成的可能性较大，而污泥中生物作用可能有助于保证维持适宜的还原条件，从而间接影响 DDT、DDCN 的转变。

2. 六六六的解降

六六六较 DDT 容易降解，其降解同样是通过光化学、化学及生化反应等途径。六六六的光化降解：一般情况下六六六不易直接吸收光子而发生光化反应，但当水体中存在某些物质（如苯胺、芳酚等芳香化合物，$S_2O_3^{2-}$ 等无机阴离子）时，这些物质的分子或离子能在光的激发下发生光化反应，产生某种还原性活性中间体，可以进一步与六六六分子反应，使六六六像直接接受光能一样，发生化学键的断裂而降解。有人根据动力学稳定态处理方法得出六六六的光化学反应为一级反应，并指出光化学反应的速率常数 K 与水体中给电子物质的浓度成正比；K 与水体中其他能结合电子物质的浓度成反比，这些结合电子的物质（如 Cu^{2+}、Zn^{2+}、溶解氧、H_3O^+）等的存在能降低六六六的光化学反应速率。所以水体中有溶解氧存在时，六六六的光化学降解速率极慢。

六六六的化学降解：有人认为六六六化学降解的产物为四氯环己烯、五氯环己烯，降解时均需脱除 HCl，因此在碱性介质中六六六易降解，而在酸性介质中六六六比较稳定。

六六六的生化降解：在六六六的降解中，微生物对其降解起着决定性作用。γ-六六六可经脱氯化氢形成 γ-五氯环己烯，也可以在厌氧条件下转化为 α，β，δ-六六六异构体，在水中完全迅速地降解。实验结果表明，微生物存在下，六六六浸水 2 个月后，4 种异构体基本消失。

3. 有机磷农药的降解

有机磷农药既能直接水解，也能被微生物降解。如甲基对硫磷、乙基对硫磷、杀螟松等有机农药均可在微生物的作用下发生氧化、还原、水解等过程，以完成降解。乙基对硫磷的氧化过程即为硫代磷酸酯的脱硫氧化，还原过程即为硝基还原成氨基，水解过程即为有关酯键断裂，形成相应化合物。其他有机磷农药如马拉硫磷、敌敌畏、敌百虫等也均能被微生物降解。

值得指出的是，水解是农药在环境中降解的一条重要途径。不同农药的水解速率既受温度的影响，又受介质酸度的影响。例如，25℃时，蒸馏水中农药的稳定性依次为：马拉松＞杀灭磷＞杀螟松＞杀扑磷。在碱性水溶液中农药稳定性为：杀螟松＞杀扑磷＞杀灭磷＞马拉松。

4. 氨基甲酸酯农药的降解

这类农药易被微生物降解，在环境中残留时间短。降解过程为在微生物作用下，引起其中的烷基或芳香基发生羧基化作用，或整个分子水解。

每一种农药都有自己的降解过程，即使是同种农药，在不同条件下或由不同微生物降解时，降解过程也不会完全相同。

（二）石油的降解

石油是水体重要的污染物之一。它是由烷烃、环烷烃、芳香烃和杂环化合物等结构不同、相对分子质量不等的物质组成的。石油进入水体后将发生一系列复杂的迁移、转化作用，如扩散、汽化、溶解、乳化、光化学氧化、吸附沉淀、生物吸收和生物降解等。石油进入水体后，先成浮油，再成油膜以及一些非碳氢化合物溶解而成的乳化油。油膜可吸附在水中微粒和水生生物上并扩散或下沉至水体深处。石油在水中可经过光化学氧化或生物氧化而分解。

1. 烷烃的降解

饱和烃的降解按醇、醛、酸的氧化途径进行。较高级烷烃在微生物作用下经过单端氧化或双端氧化，或次末端氧化生成脂肪酸，再经有机酸的 β-氧化，最后分解为二氧化碳和水。

2. 烯烃的降解

当双键在中间位置时，主要的降解途径与烷烃相似。当双键位在碳 1 和碳 2 位时，在不同微生物的作用下，主要降解途径有三种：即烯烃的不饱和端氧化成环氧化物、不饱和末端氧化成醇、饱和末端氧化成醇。上述三种化合物进一步氧化成酸。

3. 芳香烃的降解

石油中苯、苯的同系物、萘等在微生物作用下先是氧化成芳香二醇，然后苯环分裂成有机酸，再经有关生化反应，最终分解为二氧化碳和水。

4. 环烷烃降解

环烷烃最稳定，只有少数微生物（如小球诺卡氏菌）能使它降解。如环己烷在微生物作用下缓慢氧化，最后经有关生化过程降解为二氧化碳和水。

石油降解速率与石油的来源、成分、微生物群落和环境条件（如水温）有关。已经证明，石油排入低温水体（如北冰洋），其持久性很强，轻馏分蒸发极慢。另外，水体温度低，生物活性特别低，石油降解也就缓慢。水体中溶解氧对石油降解影响很大，估计分解 1 mg 石油烃约需 3 ~ 4 mg 氧，1 L 油类氧化需消耗 400 m³ 海水中的溶解氧。在缺氧条件下，油类降解速率降低。此外，被沉入水底的油类也可被微生物作用而降解。

（三）合成洗涤剂的降解

一般合成洗涤剂中表面活性剂含量约占 10% ~ 30%，其余成分为聚磷酸钠、发泡剂及其他添加剂。表面活性剂通常可分为阴离子型、阳离子型、非离子型表面活性剂；此外，还有少量混合表面活性剂。目前，在合成洗涤剂中常用的表面活性剂是烷基苯磺酸盐。

表面活性剂并不对环境造成严重影响，低浓度时对生物无毒害，在高浓度时对生物则有明显毒性。表面活性剂对环境主要危害在于使水产生泡沫，阻止空气与水接触而降低溶氧作用，同时由于有机物的生化降解消耗水中的溶解氧而导致水体缺氧。洗涤剂中聚磷酸盐是造成水体富营养化的因素之一。随着工业生产的发展及人们生活水平的提高，各种合成洗涤剂及助剂的生产量和使用量逐渐增大，由此造成的环境污染也日趋严重。

第四节　无机污染物的迁移转化

一、金属化合物的迁移转化

（一）吸附作用

天然水体中具有吸附作用的物质主要是水中的颗粒物，它包括各种矿物微粒和黏土矿物、金属水合氧化物、腐殖质等有机高分子物质、生物胶体和表面活性剂等半胶体。此外，包含大量颗粒物组分的悬浮沉积物也是一个吸附剂的组合体，它既可以发生聚集沉降进入水体底部，又可以在一定条件下重新悬浮进入水体。颗粒物可以吸附水中的金属化合物，明显影响金属化合物在水体中的存在状态和迁移转化规律。

1. 吸附作用

水环境中胶体颗粒的吸附作用大体可分为表面吸附、离子交换吸附和专属吸附等。首先，由于胶体具有巨大的比表面和表面能，因此固—液界面存在表面吸附作用，胶体表面积越大，所产生的表面吸附能力也越大，胶体的吸附作用也就越强，它属于物理吸附。其次，由于环境中大部分胶体带负电荷，容易吸附各种阳离子，在吸附过程中，胶体每吸附一部分阳离子，同时也放出等量的其他阳离子，因此把这种吸附称为离子交换吸附，它属于物理化学吸附。这种吸附是一种可逆反应，而且能够迅速地达到可逆平衡。该反应不受温度影响，在酸碱条件下均可进行，其交换吸附能力与溶质的性质、浓度及吸附剂性质等有关。对于那些具有可变电荷表面的胶体，当体系 pH 高时，也带负电荷并能进行交换吸附。离子交换吸附对于从概念上解释胶体颗粒表面对水合金属离子的吸附是有用的，但是对于那些在吸附过程中表面电荷改变符号，甚至可使离子化合物吸附在同号电荷的表面上的现象无法解释。因此，近年来有学者提出了专属吸附作用。

所谓专属吸附是指吸附过程中，除了化学键的作用外，尚有加强的憎水键和范德瓦耳斯力或氢键在起作用。专属吸附作用不但可使表面电荷改变符号，而且可使离子化合物吸附在同号电荷的表面上。在水环境中，配合离子、有机离子、有机高分子和无机高分子的专属吸附作用特别强烈。例如，简单的 Al^{3+}、Fe^{3+} 等高价离子并不能使胶体电荷因吸附而变号，但其水解产物却可达到这点，这就是发生专属吸附的结果。

水合氧化物胶体对重金属离子有较强的专属吸附作用，这种吸附作用发生在胶体双电层的 Stem 层中，被吸附的金属离子进入 Stem 层后，不能被通常提取交换性阳离子的提取剂提取，只能被亲和力更强的金属离子取代，或在强酸性条件下解吸。专属吸附的另一特点是它在中性表面甚至在与吸附离子带相同电荷符号的表面也能进行吸附作用。例如水锰矿对碱金属（K、Na）及过渡金属（Co、Cu、Ni）离子的吸附特性就很不相同。对于碱金属离子，在低浓度时，当体系 pH 在水锰矿零电位点（ZPC）以上时，发生吸附作用。这表明该吸附作用属于离子交换吸附。而对于 Co、Cu、Ni 等离子的吸附则不相同，当体系 pH 在 ZPC 处或小于 ZPC 时，都能进行吸附作用，这表明水锰矿不带电荷或带正电荷均能吸附过渡金属元素。

2. 吸附作用与金属化合物的迁移转化

颗粒物的吸附作用在很大程度上控制着金属在水环境中的分布与富集状态。吸附在颗粒物上的金属化合物将随着颗粒物在水中的存在状态的不同，有着不同的归宿。如果颗粒物长期稳定地分散在水中，则金属化合物也将长期存在于水体中；如果颗粒物相互作用聚集形成更大的颗粒，以致发生沉降，则金属化合物将随其沉积到水底，进入底泥。水体中几乎所有含胶体的沉淀物由于吸附作用都明显富集铜、镍、钴、钡、铅等金属。沉积物和悬浮物对镉的吸附作用是控制河水中镉浓度的主要因素。

吸附在颗粒物和沉积物中的重金属在一定条件下可以解吸下来，重新释放到水中，对水生生态系统造成很大危害，可以导致重金属解吸的原因主要有如下几种。

①pH 变化。一般情况下，沉积物中重金属的释放量随体系 pH 的降低而升高。因为随着 pH 的降低，水中的碳酸盐和氢氧化物会溶解，氢离子的竞争吸附作用会增加金属离子的解吸量；另外，在低 pH 下，金属难溶性盐和金属配合物也会发生溶解，释放出金属离子。这也是受酸性废水污染的水体，其水中金属的浓度往往会很高的原因。

②氧化还原条件。对于某些含大量耗氧物质的沉积物，一定深度以下沉积物中的氧化还原电位急剧降低，形成强还原性环境，使铁、锰氧化物部分或全部溶解，那么被其吸附或与之共沉淀的重金属离子同时被释放出来。

③碱金属和碱土金属含量。碱金属和碱土金属阳离子可以把吸附在颗粒物上的重金属离子交换下来，这是金属从沉积物中释放出来的主要途径之一。如水体中的钙、镁离子和钠离子对悬浮物中铜、铅和锌的交换释放作用。在 0.5 mol/L 的钙离子的作用下，铜、铅和锌可以被解吸下来。

④配合剂含量。一般的配合剂含量增加后，能与重金属形成可溶性配合物，该配合物稳定度较大，能以溶解态形式存在，使重金属从颗粒物上解吸下来。

⑤吸附温度。吸附作用多是放热过程，温度升高有利于金属从颗粒物上解吸。当然，吸附作用受温度的影响还与吸附剂和吸附质的作用机制有关。如蒙脱石具有较大的内表面，当温度升高时，蒙脱石层间膨胀，其内表面外露，反而增强其对吸附质的吸附能力。

（二）水体中胶体微粒的聚沉

水体中胶体粒子可在长时间内较稳定存在，但由于胶体微粒带电，故在适宜条件下可很快聚沉。

1. 胶体微粒电荷的来源

以下几个方面可造成胶体微粒带电。

①某些黏土矿物在其形成过程中，出现同晶替代及晶格缺陷的现象使胶体粒子带电。例如，硅氧四面体中的硅原子被铝原子替代后，产生一个负电荷。

②胶体颗粒物的表面结合氢或氢氧离子而造成表面带电。某些黏土矿物及铁、铝等水合氧化物属此类情况。

2. 胶体微粒的聚沉

胶体微粒的聚沉是指胶体颗粒通过碰撞结合成聚集体而发生沉淀现象，这现象也称凝聚。影响胶体微粒聚沉的因素是多种多样的，包括电解质的浓度、微粒的浓度、水体温度、pH 及流动状况、带相反电荷微粒间相互作用等，其中主要因素是电解质浓度。从微粒本身结构看，微粒带同号电荷及微粒周围有水化膜是使其稳定的两个主要原因若消除这两个因素，微粒便可聚沉。

某些胶体微粒（如有机高分子胶体微粒）本身具有一定的亲水性，直接吸附水分子形成水化膜。对于这类胶体的聚沉来说，虽要降低 ξ 电位，但更重要的是要去除水化膜，否则带有水化膜的有机胶体微粒相互距离较大，分子间作用力很弱，难以聚沉。一般在有大量电解质存在时，可以满足上述两个方面的需要，使有机胶体微粒在水中聚沉。

胶体粒子除能聚集成沉淀外，还能形成松散状絮状物，该过程称为胶体微粒的絮凝，絮状物称凝絮物。例如，腐殖质分子中的羧基和酚羟基可与水合氧化铁胶体微粒表面的铁螯合，而腐殖质分子中可供螯合的成分很多，这样有可能形成胶体微粒 - 腐殖质—胶体微粒的庞大聚集体，从而絮凝沉降。

实际水体中微粒间可出现多种方式的聚沉和絮凝作用。影响胶体凝聚的因素是复杂的。除电解质外，还有胶体微粒的浓度、水体的温度、pH 及流动状况、带相反电性的胶本微粒的相互作用、光的作用等因素。

3. 胶体微粒的吸附和聚沉对污染物的影响

吸附作用可控制水体中金属离子的浓度。胶体的吸附作用是使许多微量金属从饱和的天然水中转入固相的最重要的途径。胶体的吸附作用在很大程度上控制着微量金属在水环境中的分布和富集状况。大量资料表明，在水环境中所有富含胶体的沉积物由于吸附作用几乎都富集 Cu^{2+}、Ni^{2+}、Ba^{2+}、Zn^{2+}、Pb^{2+}、Tl、U 等金属。不同吸附剂对金属离子的吸附有较大的差别。柯任寇（P.A.Krenkel）和伊布石（E.B.Shin）等人研究了各种天然和人工合成的吸附剂对 $HgCl_2$ 的吸附作用，其吸附能力大致顺序是：含硫的沉积物（还原态的）＞商业去污剂（硅的混合物、活性炭）＞三维黏土矿物（伊利石、蒙脱石）＞含蛋白去污剂＞铁、锰氧化物及不含硫的天然有机物＞不含硫但含胺的合成有机去污剂、二维黏土矿物和细砂。若以每分钟每克吸附剂所吸附的 $HgCl_2$ 的微克数多少来排列，则吸附顺序为：硫醇（84.2）＞伊利石（65.3）＞蒙脱石（35.7）＞胺类化合物（10.5）＞高岭石（9.7）＞

含碳基的有机物（7.3）＞细砂（2.9）＞中砂（1.7）＞粗砂（1.6）。

高广生等人研究了我国主要河流（珠江广州段、长江南京段、黄河花园口段、松花江和黑龙江同江段）悬浮物的地球化学性质与对镉离子吸附作用的相关性和地域分布规律，认为我国主要河流悬浮物的有效载体阳离子交换量与其黏土矿物组成有很好的相关性，并且与相应流域代表性土壤的黏土矿物类型、硅铝分子比率和胡敏酸/富里酸之比值也有较好的相关性。

水体 pH 对吸附剂吸附重金属离子有一定的影响。王晓蓉等人研究了金沙江颗粒物对 Cn^{2+}、Zn^{2+}、Cd^{2+}、Co^{2+}、Ni^{2+} 的吸附作用。结果表明，江水 pH 是控制金属离子向固相迁移的主要原因。颗粒物的吸附作用使水中金属离子在较低的 pH 下向固相迁移。总吸附量随 pH 增加而增大。各元素均有一临界 pH，超过了该值，离子的水解、沉淀则起主要作用。颗粒物的粒度和浓度及几种离子共存时对吸附有影响。

沉积物（底泥）是水体中污染物的源头，严重影响污染物特别是有机污染物在水环境中的归宿和迁移过程，也是水体中重金属、有机物二次污染的成因。因此对沉积物与水间相互作用的研究在水污染化学及防治中具有特殊的重要性。目前，在沉积物/水间污染物的传输作用，污染物在沉积物里的吸附等界面行为，各种与沉积物相关的水质和人类健康问题等诸方面，已做了不少研究工作。

（三）溶解－沉淀作用

天然水在循环过程中，不断地与岩石中的矿物进行作用，矿物可以溶解在水中或与水进行反应，也可以聚集在水底沉积物中。溶解和沉淀是污染物在水环境中进行迁移的重要途径。通常金属化合物在水中的迁移能力可以直观地用溶解度来表示。溶解度小的金属化合物，容易沉淀到水底，沉积在底泥中，其迁移能力就小；反之，溶解度大的金属化合物，其迁移能力大。

通常，水体沉积物中所含的难溶性盐大多是碳酸盐、氢氧化物和硫化物，它们的溶解度依次减小。当水体的 pH 升高时，水中的碳酸氢盐向碳酸盐转化，氢氧根离子的浓度也升高，许多金属离子很快会生成碳酸盐和氢氧化物沉积到水底。如果遇到氧化还原电位很低的强还原性环境，硫离子浓度较高，则这些金属的碳酸盐或氢氧化物就会进一步转化为更难溶解的硫化物。而当水体酸化、盐浓度升高或氧化性增强时，水底沉积物中的金属离子就会重新释放出来。

（四）配合作用

重金属污染物大部分以配合物形态存在于水体，其迁移、转化及毒性等均与配合作用有密切关系。

天然水体中重要的配位体有 OH^-、Cl^-、CO_3^{2-}、HCO_3^-、F^-、S^{2-} 等。以上离子除 S^{2-} 外，均属于 Lewis 硬碱，它们易与硬酸进行配合。如 OH^- 在水溶液中将优先与某些作为中心离子的硬酸结合，如 Fe^{3+} 和 Mn^{3+} 等，形成羧基配合离子或氢氧化物沉淀，而 S^{2-} 则更易和重金属（如 Hg^{2+}、Ag^+ 等）形成多硫配合离子或硫化物沉淀。

有机配位体情况比较复杂，天然水体中包括动植物组织的天然降解产物，如氨基酸、糖、腐殖酸，以及生活污水中的洗涤剂、清洁剂、EDTA、农药和大分子环状化合物等。这些有机物相当一部分具有配合能力。

1. 配合物的稳定性

配合物在溶液中的稳定性是指配合物在溶液中离解成中心离子（原子）配位体，当离解达到平衡时离解程度的大小。这是配合物特有的重要性质水中的金属离子，可以与电子供给体结合，形成一个配位化合物（或离子）。

2. 羟基对重金属离子的配位作用

在水环境化学的研究中，人们特别重视羟基对重金属的配合作用。这是由于大多数重金属离子均能水解，其水解过程实际上就是羟基配合过程，它是影响一些重金属盐溶解度的主要因素，并且对某些金属离子的光化学活性有影响。

3. 腐殖质的配合作用

天然水中含有大量有机质，它们是动植物组织的降解产物，如腐殖质、氨基酸、糖、生物碱等。它们具有各种含氧、氮等原子的官能团，是良好的配体。

天然水中对水质影响最大的有机物是腐殖质，腐殖质在结构上的显著特点是除含有大量苯环外，还含有大量羧基、羟基和酚基。研究表明，在腐殖质中含有 O、N、S 原子的基团具有能提供孤对电子的能力，因此能够与金属离子形成配合物、螯合物。

许多研究表明，重金属元素在天然水体中主要以腐殖质配合物的形式存在。马特森（Matson）等人指出 Cd、Pb 等在美洲的五大湖水中不存在游离离子，而是以腐殖质配合物形式存在。曼托（Mantoura）等人发现，90% 以上 Hg 和大部分 Cu 与腐殖质形成配合物，而其他金属元素只有小于 11% 的与腐殖质配合。

重金属离子与水体中的腐殖质所形成配合物的稳定性，由于水体腐殖质的来源和组分不同而有差别。在低 pH 时，它们的稳定性次序为：$Fe^{3+} > Al^{3+} > Cu^{2+} > Co^{2+} > Pb^{2+} > Ca^{2+} > Mn^{2+}$。腐殖质与重金属配合作用对重金属在环境中的迁移转化有重要影响，特别表现在颗粒物吸附和难溶化合物溶解度方面。腐殖酸对水体中重金属的配合作用还影响重金属对水生生物的毒性。

此外，从 1970 年以来，由于发现供水中存在三卤甲烷，由此人们对腐殖质给予了特别的注意。一般认为，在用氯化作用消毒原始饮用水过程中，由于腐殖质的存在，可以形成可疑的致癌物质——三卤甲烷（THMS）。因此，在早期氯化作用中，用尽可能除去腐殖质的方法，可以减少 THMS 生成。

腐殖质与阴离子的配合也引起了学者的关注，腐殖质可以和水体中的 NO_3^-、SO_4^{2-}、PO_4^{3-} 和氨基三乙酸（NTA）等反应，这构成了水体中各种阳离子、阴离子反应的复杂性。另外，腐殖质对有机污染物的作用，诸如对其活性、行为和残留速率等均有影响。腐殖质能键合水体中的有机物，如 PCB、DDT 和 PAH，从而影响它们的迁移和分布。环境中的芳香胺能与腐殖质共价键合，而另一类有机污染物如邻苯二甲酸二烷基酯能与腐殖质形成水溶性配合物。

（五）氧化还原作用

水体中氧化还原类型、速率和平衡，在很大程度上决定了水中主要溶质的性质。如在厌氧性湖泊中，湖水下层的元素都将以还原态存在，C 被还原形成 CH_4、N 被还原形成 NH_4^- 被还原为 S^{2-}，Fe^{3+} 被还原为 Fe^{2+}；而表层水由于可以和大气交换氧，所以形成相对氧化性环境，如果达到热力学平衡，上述元素将以氧化态存在，如 C 形成 CO_2，N 形成 NO_3^-，S 形成 SO_4^{2-}，Fe 形成 $Fe(OH)_3$。显然，各种元素的这种变化对水生生物和水质影响很大。

（六）甲基化作用

金属甲基化对金属元素生物地球化学循环和人类健康都有重要影响。水环境中的金属甲基化途径有两条：一是生物途径，即通过水中微生物的作用实现甲基化；另一个是非生物途径，金属的甲基化过程没有微生物的参与。通过甲基化作用，无机金属及其化合物转化为有机金属化合物，其理化特性均发生了明显变化，如甲基汞的生物毒性比无机汞要大得多，甲基化作用无疑使金属在环境中的污染进一步加深。

二、水中氮和磷的迁移转化

氮和磷是与水体富营养化密切相关的两种元素。在贫营养到中营养的水体中，氮和磷的浓度都比较低，是限制藻类繁殖的重要因素。通常认为，水体中氮质量浓度达到 1500 $\mu g \cdot L^{-1}$，磷质量浓度达到 100 $\mu g/L$ 时，是能促进藻类大量繁殖的一个浓度水平，氮和磷超过此浓度的水体，即属于富营养化水体。下面简要介绍氮和磷在水中的迁移转化。

（一）水中氮的迁移转化

水体中氮的存在形态主要有三种：一是有机氮，如蛋白质、氨基酸、尿素、腈类、胺类和硝基类；二是氨态氮，如 NH_3 和 NH_4^+；三是硝酸盐氮，如 NO_2^- 和 NO_3^- 等。这些含 N 化合物的水溶性一般都比较好，可以随水进行迁移，也可以被水中颗粒物吸附，沉降至水底；涉及含氮化合物转化的过程主要有生物作用和氧化还原作用等，下面重点分析生物作用的氮化合物转化。

水中氮转化过程的生物作用主要是氨化、硝化和反硝化。生物残体或其他途径进入水体的有机氮化合物，经微生物的作用分解成氨态氮的过程，称为氨化作用。下面以蛋白质为例，简单介绍微生物降解蛋白质的氨化过程。

第一步，蛋白质在微生物分泌的水解酶的作用下肽键断裂，水解成氨基酸；第二步，氨基酸脱氨脱羧成脂肪酸：在有氧条件下，氨基酸经水解脱氨或氧化脱氨；而在无氧条件下，则氨基酸进行无氧加氢还原脱氨。

通过氨化作用有机氮转化为无机氮。氨在有氧条件下，通过微生物的作用，氧化生成硝酸根的过程称为硝化作用。

硝化作用对环境条件的要求很高，如严格要求在充足氧的供给条件下才能很好进行；需要中性至微碱性条件，当 pH > 9.5 时，硝化细菌受到抑制，而在 pH < 6.0 时，亚硝化细菌被抑制；最适宜温度为 30℃，低于 5℃ 或高于 40℃ 细菌便不能活动。

硝酸盐在通气不良的情况下，通过反硝化细菌的作用而被还原的过程称为反硝化作用，还原产物因微生物种类不同而不同。硝酸盐在细菌、真菌和放线菌作用下，被还原为亚硝酸盐；在兼性厌氧假单胞菌属、色杆菌属作用下，被还原为氧化二氮或氮气，从水体逸出进入大气，城市生活污水处理中的脱氮过程就属于此种情况。

反硝化细菌进行反硝化作用的重要条件是厌氧环境，环境氧分压越低，反硝化越强烈。但是，硝化与反硝化往往联系在一起发生，这很可能是环境中氧分布不均匀所致。此外，反硝化的进行还必须有丰富的有机物作为碳源和能源，因为反硝化是个还原反应过程且消耗能量，必须有被氧化的还原物质存在和供给一定的能量才能进行。反硝化细菌一般适宜的 pH 范围是中性至微碱性；温度在 25℃ 左右为宜。

无机的氨态氮和硝酸盐氮通过植物的吸收和微生物的作用又可以转化为有机氮。通过上述一系列的生物作用含氮化合物进行着不同存在形态间的转化和不同环境介质间的迁移。

（二）水中磷的迁移转化

在水环境中磷的主要存在形态有 HPO_4^{2-}、$H_2PO_4^-$、PO_4^{3-} 和 H_3PO_4 等无机磷和有机磷。磷是生命必需元素，但磷及其化合物也是造成水体养分过多以致达到有害程度的主要因素。环境中的磷是一个单向流失的过程，而不是一个循环过程，仅在水与食物链中可以见到一个短暂的局部循环，磷的迁移转化主要与水中磷的溶解—沉淀作用有关。磷的最终归宿是深海沉积物。

含磷污染物进入水体后，可溶性磷大部分直接溶于水，其余少量及不溶性磷则被水中颗粒物吸附，成为颗粒性磷。在相对封闭的水体中，大部分颗粒性磷随颗粒物沉降到水底，形成底泥。在底泥中，磷主要以磷酸钙、磷酸铁、磷酸铝及有机磷的形式存在。研究表明，磷在底泥与水体之间存在一个吸附-解吸平衡，底泥中磷的释放速率与水中的溶解氧有关。因为在底泥与水交界处有一薄薄的有氧层，当水中溶解氧大幅度降低时，有氧层消失，底泥中的磷酸铁等大量还原为可溶性的磷酸亚铁，大量磷释放到水体中。温度升高会导致溶解氧含量降低，底泥中磷的释放速率加快，这是我国大部分湖区及近海水域富营养化现象在夏季比较严重的原因之一。

在没有受重金属污染的天然水体中，主要金属离子为 Ca^{2+}、Mg^{2+}，Al^{3+}、Fe^{3+} 等，它们均可以与磷酸根发生作用。

第五节　水环境化学的新进展

一、目前关注的水环境问题

污染物在水—气、水—沉积物、水—藻类等界面化学和非均相体系的研究正受到密切关注。重点污染物从重金属耗氧有机物转向某些金属及持久性有毒有机污染物。近年来，主要研究水环境污染防治原理及水环境安全。

（一）我国湖泊富营养化进程及发生机理

我国富营养化湖泊的比例已从 20 世纪 70 年代末的 5% 上升到目前的 66%。大量研究表明，富营养化发生机理主要有以下几点。

①流域污染物排入湖泊是最关键因素之一。据统计每年排入滇池、太湖、巢湖的 TP、TN、COD 量是湖泊最大允许量的 3 ~ 10 倍。

②水化学平衡发生变化。大量污染物的进入造成湖水 pH 上升，污染物氧化降解，水体溶解氧下降藻类疯长将增加对水中 CO_2 的转化。

③湖泊生态群落发生明显变化。富营养化从根本上改变了湖泊生态系统健康运转的初级生产力结构。

④湖泊内源营养物质的释放。当外源得到有效控制后，沉积物中营养物质的再释放也是导致湖泊富营养化的一个重要原因。

（二）持久性有机污染物在水体中的环境化学行为

目前研究比较多的持久性有机物主要是 DDT、HCH、PAH 和 PCB 类。正在进行的研究有，有机污染物的迁移转化、室内模拟及吸附机理、沉积物污染生态风险、富集因子与化学结构关系等。

（三）微囊藻毒素（Mc）对水环境安全的影响

世界上 25% ~ 70% 的蓝藻水华可产生藻毒素。MC 是蓝藻水华爆发中出现频率最高、产生量最大危害最严重的藻毒素种类。如何有效控制蓝藻水华污染和去除 MC，是当今环境界迫切希望解决的问题之一。

（四）水体污染的生态修复基础研究

对于富营养化湖泊而言，水生植被在湖泊水体中起到净化水质和抑藻等重要作用。高等水生植物在生长过程中，吸收大量的 NP。如水葫芦对 NP 的吸收能力分别为 0.79 和 0.13 $t \cdot km^{-2} \cdot d^{-1}$；附着或栖息在水生植物群落的微生物可降解有机磷、不溶性磷为无机、可溶性磷；根系可截留或吸附流经其周围的水中有机胶体和悬浮颗粒物；风眼莲、石菖蒲等水生植物根系能分泌出克藻物质，抑制藻类的生长。

二、最新研究进展

（一）磷化氢在湖泊生物地球化学循环中的作用

在磷的生物地球化学循环中，长期以来，一直认为气态 PH_3 在自然界是不存在的。直到 1988 年 Devai 等人首次发现污水处理厂磷循环中 P 损失达 30%~40% 并证实其中 25%~50% 是以气态 PH_3 形式进入大气的。随后，在湿地垃圾填埋场、养殖场、水稻田、水库等地方均检测到 PH_3，进一步证实 PH_3 在大气和水圈中普遍存在。

（二）沉积物的金属基准研究

近年来，人们逐渐认识到建立沉积物质量基准以补充水质标准的不足十分重要。1990 年 Di Toro 等首次报道了水体沉积物中酸挥发性硫化物（AVS，指能被 1 mol·L^{-1} 的冷盐酸所提取的硫化物）对 cd 的生物有效性的强烈行为。用盐酸提取 AVS 过程中同时被提取的金属浓度，以 SEM 表示。

沉积物中金属的生物有效性是建立沉积物基准的关键因素。Di Toro 和 Anldey 等发现，沉积物中 SEM/AVS 比值与沉积物中重金属的生物有效性和生物毒性之间有密切联系。当 SEM/AVS 大于 1 时，表示沉积物中重金属对水生生物毒性不容忽视；当 SEM/AVS 小于 1 时，则不会对水生生物产生毒性。

（三）水环境生态安全的早期预报研究

许多外源性化学性质进入生物体后，是通过产生大量氧自由基、H_2O_2 对机体诱发多种伤害，机体内抗氧化防御系统 [如超氧化物歧化酶（SOD）等] 能起到消除氧自由基保护细胞免受氧化损伤的作用。因此，SOD 等酶活性被诱导或抑制，可反映污染物氧化胁迫的程度。张景飞等研究了柴油等的长期暴露对鱼体抗氧化防御系统的影响，发现 SOD 对低浓度污染物最为敏感，可考虑作为水环境中这些污染物早期预报的生物标志物。

（四）受污染地下水的生物修复

全世界已有 50% 以上的地下水因受污染而不能饮用。20 世纪 80 年代我国对部分城市地下水污染调查表明，地下水严重污染的城市占 63%，三氮、酚类、农药及油类是主要污染物。

通过培养和引入高效降解的混合菌提高污染物的降解速率，来达到原位修复目的。这种方法称为微生物原位修复法。

目前，我国尚缺乏地下水污染全面调查资料，但输油管破裂、油库事故性泄漏、储油罐和运输原油泄漏事故等时有发生，对地下水构成严重威胁。

第三章 现代大气环境化学原理

大气主要由干洁大气、水汽和大气颗粒物组成，但现代大气环境中也存在一些大气污染物，这些大气污染物会在大气中发生迁移和转化。本章主要将重点介绍大气环境的组成以及污染物的迁移和转化的化学原理以及大气环境化学的新进展。

第一节 大气的组成与结构

一、干洁大气

气象上通常称不含水汽和悬浮颗粒物的大气为干洁大气，简称干空气。

在 80～90 km 以下，干空气成分（除臭氧和一些污染气体外）的比例基本不变，可视为单一成分，其平均分子量为28.966。组成干洁空气的所有成分在大气中均呈气体状态，不会发生相变。

讨论大气组成时，人们经常将所有成分按其浓度分为三类。

①主要成分，其浓度在 1% 以上，它们是氮（N_2）、氧（O_2）和氩（Ar）。

②微量成分，其浓度在 1 ppm（10^{-6}）～ 1% 之间，包括二氧化碳（CO_2）、甲烷（CH_4）、氦（He）、氖（Ne）、氪（Kr）等惰性空气成分以及水汽。

③痕量成分，其浓度在 1 ppm 以下，主要有氢（H_2）、臭氧（O_3）、氙（Xe）、一氧化二氮（N_2O）、一氧化氮（NO）、二氧化氮（NO_2）、氨气（NH_3）、二氧化硫（SO_2）、一氧化碳（CO）等。此外，还有一些人为产生的污染气体，它们的浓度多为 ppb 量级。

氧是一切生命（人类、动物和植物）所不可缺少的，他（它）们都要进行呼吸或在氧化作用中得到热能以维持生命。氧还在有机物的燃烧、腐化及分解过程中起着重要作用；另一方面，植物又通过光合作用向大气中放出氧，并吸收二氧化碳大气中的氮对氧起着冲淡作用，使氧不至于太浓、氧化作用不过于激烈；对植物而言，大量的氮可以通过豆科植物的根瘤菌固定到土壤中（称为固氮），成为植物体内不可缺少的养料。

二氧化碳（CO_2）它对太阳辐射的吸收很少，但能强烈地吸收地面的长波（红外）辐射，同时又向地面和周围大气放射长波辐射，从而使地面和空气不至于因放射长波辐射而失热过多。换句话说，二氧化碳起着使地面和空气增温的效应（温室效应），因此称它为温室气体虽然二氧化碳在大气中的含量相对稳定，但是它的含量在最近一个多世纪里都在不断升高，这归因于化石燃料（如煤炭、石油、天然气等）燃烧量的不断加大。增加的二氧化碳大约一半被海洋吸收或被植物利用，一半则滞留在大气中。据预计，到21世纪后半期，二氧化碳的含量将达到20世纪早期的2倍。尽管这种升高的后果很难确知，但绝大多数科学家相信，低层大气的温度会由此而升高，从而引起全球气候的变化。

臭氧（O_3）臭氧的分子由三个氧原子组成，不同于人类呼吸所需的由两个原子组成的氧气。大气中臭氧含量极少，体积含量为 $10^{-7} \sim 10^{-8}$，如果将所有的臭氧都置于地表，只能形成一层厚度为 0.3 cm 的气层。臭氧随高度的分布是不均匀的，在 10 km 以下含量只有 10^{-8}，10 km 以上开始增加，在约 25 km 处最大，达 10^{-5} 量级，再往上又逐渐减少，至 50 km 则含量极小，因此，通常称 10 ~ 50 km 这一层为臭氧层。臭氧层的形成与大气中的氧对太阳辐射的吸收有关。氧分子吸收太阳的短波辐射（紫外辐射）后被分解为两个氧原子，氧原子再与一个未分解的中性氧分子结合而成为一个臭氧分子。

二、水汽

大气中的水汽来自江、河、湖、海及潮湿物体表面的水分蒸发和植物的蒸腾。空气的垂直运动使水汽向上输送，同时又可使水汽发生凝结而转换成水滴。因此，大气中的水汽含量一般随高度的增加而明显减少。观测证明，在 1.5 ~ 2 km 高度上，水汽含量已减少为地面的一半；至 5 km 高度处，只有地面的 1/10；再向上含量就更少。显然，大气中的水汽含量还与地理纬度、海岸分布、地势高低、季节以及天气条件等密切相关。在温暖潮湿的热带地区、低纬暖水洋面上，低空水汽含量最大，其体积混合比可达 4%，而干燥的沙漠地带和极地，水汽含量极少仅为 0.1% ~ 0.2%。在同一地区，一般夏季（北半球）的水汽含量多于冬季。

三、大气颗粒物

大气颗粒物是悬浮在大气中的各种固体和液体微粒，统称为大气气溶胶粒子。它们在空气中停留的时间各不相等，极小的粒子可以滞留在空气中相当长时间，而那些比较重的颗粒能降落到地面。气溶胶粒子的来源很广，有自然源，也有人为排放源。自然源包括海浪气泡破裂产生的海盐细粒，花粉及被风吹起的地表土壤尘、沙尘等，火山喷射的灰尘。这些颗粒在它们的发源地（地球表面）尤其密集，随着上升气流它们也被带到高空。另外，一些流星体在穿过大气层时也会因燃烧而产生一些固体颗粒释放到高层大气中。随着人口增加和工业、交通运输业的发展，大气中人为排放的烟粒、煤粒尘大量增加。气溶胶粒子的人为排放源包括由排放的污染气体经化学反应形成的二次气溶胶，如硫酸盐、硝酸盐、二次有机气溶胶等。

第二节 大气中的主要污染物

一、气溶胶污染物

（一）气溶胶污染物

大气气溶胶是分散在大气中的固态或液态颗粒形成的一种大气物质，颗粒物可通过吸收和散射太阳辐射来影响地表与大气系统的能量交换，进而影响气候系统。气溶胶会造成一系列的环境问题，如臭氧层的破坏、酸雨的形成、烟雾事件的发生等。大气气溶胶的这些环境作用，已酿成全球性环境问题。此外，气溶胶对人体健康、生物效应也有其特有的生理作用。自从第二次世界大战以来，对气溶胶的研究就被确立为基础和应用科学的一个专门学科，现在气溶胶已经成为大气化学及地球环境科学的前沿和热点。了解气溶胶对全球气候的影响及其作用机制、在土壤圈生物圈中的过程，包括了物理和化学的性状、来源和形成、时空分布和全球气候变化、健康效应和大气化学过程等多方面、多层次的综合研究。

（二）气溶胶污染物的分类

1. 粉尘

粉尘是指悬浮于空气中的固体颗粒，受重力作用可发生沉降，但在一定时间内能够保持悬浮状态，其粒径一般小于 $100\ \mu m$（对于其中微小粉尘，如小于 $1\ \mu m$ 的粉尘则能长期悬浮于大气之中）。粉尘通常是通过固体物质的破碎、研磨、筛分等机械过程，粉状物质的搬运、加工过程及土壤、岩石的风化过程而形成的，其形状往往是不规则的。粉尘的种类很多，如矿物粉尘、金属粉尘、有机粉尘等，常见的粉尘有道路上的黏土粉尘、教室中的粉笔粉尘、生活中的煤粉尘、水泥粉尘等。

在大气污染控制中，通常根据大气中颗粒物的大小，将其分为飘尘、降尘和总悬浮微粒。

①飘尘，是指空气中粒径小于 $10\ \mu m$ 的固体颗粒物，它能长期飘浮在空气中。

②降尘，是指空气中粒径大于 $10\ \mu m$ 的固体颗粒物，由于重力作用，在很短的时间内即可沉降到地表。

③总悬浮微粒（TSP），即总悬浮颗粒物，是指悬浮于空气中的粒径小于 $100\mu m$ 的所有固本颗粒物。

2. 烟尘

烟尘是指冶金过程或燃烧过程中所形成的固体微粒。其粒径多在 $1\ \mu m$ 以下。如炼钢烟尘、燃煤烟尘等。

3. 雾

空气中液体悬浮物总称为雾。气象学中特指造成能见度小于 1 km 的小水滴悬浮体。蒸气的凝结过程、液体的雾化过程均可形成雾，如水雾、酸雾等。

化学烟雾指某些物质经化学反应所形成的一类气溶胶。常见如硫酸烟雾，指空气中的二氧化硫或其他硫化物在高温气象条件下，经化学作用所产生的烟雾，又称伦敦型化学烟雾。还有光化学烟雾，指空气中的氮氧化物与碳氢化合物（如汽车尾气，工业含氮氧化物和碳氢化合物的废气）经光化学作用而生成的二次污染物，又称洛杉矶型化学烟雾。

二、含硫化合物

大气中的含硫化合物可分为还原性化合物和氧化性化合物两类。还原性化合物有硫化氢（H_2S）、二硫化碳（CS_2）、羰基硫（COS）、二甲基硫、二甲基二硫、硫醇等；氧化性硫化合物主要有 SO_2、SO_3、亚硫酸盐及硫酸盐。

SO_2 是无色有刺激性气味的有毒气体，比空气重，易液化，易溶于水（约为 1：40），其溶液称为"亚硫酸"溶液。SO_2 气体同时具有还原性与氧化性，其中以还原性为主。SO_2 是一种酸性气体，与碱反应生成亚硫酸盐，亚硫酸盐可被空气中的氧气氧化为硫酸盐。SO_2 最突出的环境特征是它在大气中也能被氧化，最终生成硫酸或硫酸盐，是酸雨和光化学烟雾的成因之一。

大气中 SO_2 的来源分为两大类：天然来源和人为来源。天然来源包括火山喷发、植物腐烂等，大约占大气中 SO_2 总量的 1/3。人为活动是造成大气中 SO_2 含量上升的主要原因。人为来源主要包括矿物燃料燃烧和含硫物质的工业生产过程。SO_2 排放量较大的工业部门有火电厂、钢铁、有色冶炼、化工、炼油、水泥等。

人为活动排入大气中的 SO_2，随着生产的发展，以惊人的速度增加。1990 年以来，我国 SO_2 排放量总体呈波动上升趋势，由 1990 年的 1495 万吨增加到 2006 年的 2588 万吨，SO_2 排放量急剧增加，严重威胁人类健康，影响环境安全。近年来我国制定了一系列政策控制 SO_2 的排放，并取得了可喜的成果。2006 年我国 SO_2 排放量达到峰值，之后逐年减少。其中生活 SO_2 排放主要源于居民生活燃煤，总体排放量逐年减少。工业排放主要源于火力发电、工业锅炉、窑炉等以煤炭为燃料和原料的产业，2006 年后 SO_2 工业排放量逐年下降，工业 SO_2 排放量占 SO_2 排放总量的 85% 以上。

三、碳的氧化物

大气中碳的氧化物有一氧化碳（CO）和二氧化碳（CO_2）。

（一）CO

CO 是一种无色、无味有毒气体，也是排放量最大的大气污染物之一。大气中 CO 主要来自自然界的自然排放，天然来源排放的 CO 远远超过人为来源排放的 CO。

1.大气中 CO 的来源

（1）天然来源

①CH_4 转化：生命有机体厌氧分解产生的 CH_4 和 HO·自由基发生氧化反应可生成 CO，其反应机理为

$$CH_4+HO· \rightarrow CH_3+H_2O$$

$$HCHO+hy \rightarrow CO+H_2（\lambda=320 \sim 335 \ nm）$$

$$·CH_3+O_2 \rightarrow HCHO+HO·$$

有专家在 1972 年统计上述途径产生的 CO 是人为排放源的 10 倍，占到了大气 CO 总量的 20% ~ 50%。

②海水中 CO 挥发：海水中 CO 过饱和程度很大，可不断向大气提供 CO，其量约为 1.0×10^8 t/a，近似为人为排放源的 1/6。

③森林草原火灾、农业废弃物焚烧：森林草原火灾、农业废弃物焚烧每年将产生 60×10^6 tCO。

④植物叶绿素的光解：由叶绿素光解产生的 CO 为（5 ~ 10）$\times 10^7$ t/a。

（2）人为来源。

大气中 CO 人为来源主要是燃料的不完全燃烧：

$$2C+O_2 \rightarrow 2CO（供氧不足，反应快）$$

$$C+CO_2 \rightarrow 2CO（缺氧燃烧，反应快）$$

$$2CO+O_2 \rightarrow 2CO_2（反应较慢）$$

因此，在燃烧过程中要保证 O_2 供应充足，否则很容易排放大量的 CO。据估计，CO 的人为来源中 80% 是由汽车尾气排放的，城市大气中 CO 浓度比农村要高得多，其浓度与交通密度有关。家庭炉灶、燃煤锅炉、煤气加工等工业过程也会有大量的 CO 排放。

2.大气中 CO 的去除

CO 在大气中的停留时间较短，约为 0.4 a（热带为 0.1 a）。还与地形及气象条件有关。大气中 CO 的去除有以下几种方式。

①土壤吸收：CO 可被表层土壤吸收，然后在土壤中经过细菌转化，成为 CO_2 和 CH_4。

②与大气中 HO·反应转化成 CO_2：扩散到平流层的 CO 可与自由基发生氧化反应转化成 CO_2。

CO 的增加会导致 HO·减少，带来 CH_4 的累积，CH_4 是一种重要的温室气体，因此 CO 的增加会间接导致全球变暖。另外，CO 还能够参与光化学烟雾的形成。

（二）CO_2

CO_2 能够大量吸收长波辐射，是一种重要的温室气体，对全球气候变暖有显著增温

作用。

大气中 CO_2 的人为来源主要是含碳有机物燃烧。天然来源主要有以下几种。

①海洋脱气：海水中 CO_2 量通常比大气圈中高 60 多倍，估计大约有千亿吨的 CO_2 在海洋和大气圈之间不停地交换。

② CH_4 转化：CH_4 在平流层中与 HO·自由基反应，最终被氧化为 CO_2。

③动植物呼吸、腐败作用以及生物物质的燃烧。

碳通过大气、海洋和生物圈，在自然界中形成了 CO_2 与各种碳化合物的自然循环。这种循环使大气中的 CO_2 平均含量维持在 300 mL/m^3。但是由于人类活动使 CO_2 的排放量逐年增加，另一方面大量砍伐森林，毁灭草原，使地球表面的植被日趋减少，减少了整个植物界从大气中吸收 CO_2 的数量。导致了碳的正常循环被破坏，全球大气 CO_2 浓度正在逐渐上升，从而导致了温室效应的加剧，全球气候变暖。

大气中的 CO_2 可通过植物光合作用转化为生物碳，或者溶解于海水中去除，其中，海水是 CO_2 的最大储存库。

四、氮氧化物

氮氧化物的种类很多，有一氧化二氮（N_2O）、一氧化氮（NO）、二氧化氮（NO_2）、三氧化氮（NO_3）、三氧化二氮（N_2O_3）、四氧化二氮（N_2O_4）和五氧化二氮（N_2O_5），总的来用 N_xO_y，表示。造成大气污染的氮氧化物主要是 NO 和 NO_2，因此通常将二者统称为 NO_x。

NO 是一种无色气体，通常在环境中的体积分数远低于 5×10^{-7}，在该浓度下，NO 对人体健康的生物毒性并不显著。但 NO 是大气中 NO_2 的前体物，也是形成光化学烟雾的活跃组分。NO_2 为红棕色有窒息性臭味的活泼气体，具有强烈的刺激性。大气中的 NO_2 主要来源于 NO 的氧化。

氮氧化物（NO_x）是造成大气污染的主要污染源之一，造成 NO_x 产生的原因可分为两个方面：自然发生源和人为发生源。自然发生源除了因雷电和臭氧的作用外，还有细菌的作用。自然界形成的 NO_x 由于自然选择能达到生态平衡，故对大气没有多大的污染。然而人为发生源主要是由于燃料燃烧及化学工业生产产生的。例如：火力发电厂、炼铁厂、化工厂等有燃料燃烧的固定发生源和汽车等移动发生源以及工业流程中产生的中间产物，排放 NO_x 的量占到人为排放总量的 90% 以上。据统计全球每年排入大气的 NO_x 总量达 5000 万吨，而且还在持续增长。研究与治理 NO_x 已成为国际环保领域的主要方向，也是我国需要降低排放量的主要污染物之一。

通常所说的氮氧化物（NO_x）主要包括 NO、NO_2、N_2O、N_2O_3、N_2O_4、N_2O_5 等几种。NO 对血红蛋白的亲和力非常强，是氧的数十万倍。一旦 NO 进入血液，就会从氧化血红蛋白中将氧驱赶出来，与血红蛋白牢固地结合在一起。长时间暴露在 1 ~ 1.5 mg/L 的 NO 环境中较易引起支气管炎和肺气肿等病变。这些毒害作用还会促使早衰、支气管上皮细胞发生淋巴组织增生，甚至是肺癌等症状的产生。

NO 排放到大气后有助于形成 O_3，导致光化学烟雾的形成 NO+HC+O_2+ 阳光 → NO_2+O_3（光化学烟雾）这是一系列反应的总和。其中 HC 为碳氢化合物，一般指 VOC（Volatile Organic Compound）。VOC 可使 NO 变为 NO_2 时不利用 O_3，从而使 O_3 富集。光化学烟雾对生物有严重的危害，如 1952 年发生在美国洛杉矶的光化学烟雾事件致使大批居民发生眼睛红肿、咳嗽、喉痛、皮肤潮红等症状严重者心肺衰竭，有几百名老人因此死亡。该事件被列为世界十大环境污染事故之一。另外，高温燃烧生成的 NO_2 排入大气后大部分转化成 NO，遇水生成 HNO_3、HNO_2，并随雨水到达地面，形成酸雨或者酸雾。并且，N_2O 能转化为 NO，破坏臭氧层。

五、碳氢化合物

大气中的碳氢化合物（HC）泛指各种烃类及其衍生物，一般用 HC 表示，包含烷烃、烯烃、炔烃、脂肪烃和芳香烃等。1968 年全世界 HC 的年排放量为 1.858×10^9 t，其中绝大多数为 CH_4，约占 85%；人工排放的 HC 约为 8.8×10^7 t/a，仅占总量的 4.7%。城市大气中汽车尾气排放是 HC 的主要来源，据估算，目前全世界汽车保有量已超 10 亿辆，我国汽车保有量已超过 2.4 亿辆。据统计，每千辆汽车日排放碳氢化合物 200 ~ 400 kg，那么 6 亿辆汽车年排放 HC 可达 4.38×10^7 ~ 8.76×10^7 t。大气污染化学研究中通常把 HC 分为 CH_4 和非甲烷烃（NMHC）两类。

（一）CH_4

大气中 CH_4 的主要来源是厌氧细菌的发酵过程，如沼泽、泥塘、湿冻土带、水稻田、牲畜反刍、生物质燃烧等，其中水稻田和牲畜反刍的排放量较大。有学者估计，一头牛每天排泄 200 ~ 400 LCH_4，全世界约有牛、羊和猪 12×10^8 头，每年将产生大量的 CH_4。水稻田是在严格厌氧条件下，通过微生物代谢作用，有机质矿化过程产生 CH_4。水稻田产生的 CH_4 为 $(7.0 ~ 17.0) \times 10^7$ t/a。由于全球水稻田大部分在亚洲，而中国水稻种植面积又占亚洲水稻面积的 30%，因此，水稻田 CH_4 的排放对我国乃至世界 CH_4 的贡献都非常重要。

大气中 CH_4 的停留时间约为 11a，它的去除主要是通过与·OH 自由基的反应：

$$CH_4+HO\cdot \rightarrow \cdot CH_3+H_2O$$

少量的 CH_4（≤ 15%）会扩散进入平流层，并和 Cl 原子发生反应，通过此反应可以减少氯原子对 O_3 的损耗；

$$CH_4+Cl\cdot \rightarrow \cdot CH_3+HCl$$

大气中 CH_4 的浓度仅次于 CO_2，它也是重要的温室气体，其温室效应比 CO_2 大 20 倍。近 100 年来，大气中 CH_4 浓度上升了一倍多。目前全球范围内 CH_4 浓度已达到 1.75 mL/m^3，其年增长速率为 0.8% ~ 1.0%。科学家们估计，按目前 CH_4 产生的速率，几十年后，CH_4 在温室效应中将起主要作用。但目前引起温室效应的仍以 CO_2 为主。

（二）非甲烷烃

非甲烷烃（NMHC）种类很多，如植物排放的非甲烷有机物可达 367 种。大气中的 NMHC 极大部分来自天然来源，其中排放量最大的是植物释放的萜烯类化合物，如 α-蒎烯、β-蒎烯、香叶烯、异戊二烯等，其排放量约为 1.7×10^8 t/a，占 NMHC 总量的 65%。最主要的天然排放物还是异戊（间）二烯（isoprene）和单萜烯（monoterpene），它们会在大气中发生化学作用而形成光化学氧化剂或气溶胶粒子。

NMHC 的人为来源主要包括汽油燃烧，排放量约占人为来源总量的 38.5%；焚烧，排放量占人为来源的 28.3%；溶剂蒸发，排放量占人为来源的 11.3%；石油蒸发和运输损耗，排放量约占人为来源的 8.8%；废物提纯，排放量约占人为来源的 7.1%。以上五类排放量占人为来源排放量的 95.8%。大气中的 NMHC 可通过化学反应或转化成有机气溶胶而去除。它们最主要的大气化学反应是与 HO·自由基的反应。

大气中的 HC 会影响人体健康。一些有机物如氯乙烯、2，4-苯并芘、苯并荧蒽等是致癌或致畸物质，它们进入大气后，附着在飘尘上进入呼吸道会严重危害人体健康。另外，HC 高温分解可转化成多环芳烃，一些多环芳烃具有致癌性，如在燃烧分解过程中产生的焦油状多环芳烃苯并芘就是公认的强致癌性物质。调查研究表明，经常接触煤焦油、沥青和某些石油化工溶剂等物质的工人，患有皮肤癌、阴囊癌、喉癌与肺癌的比例相当高。一些含有 6 个或少于 6 个碳原子的 HC，其本身的毒性不明显，但是它们可以在一定的气候和地理环境条件下发生化学反应，生成毒性更强的二次污染物。

第三节　大气中污染物的迁移

一、辐射逆温

气温随高度的变化通常以气温的垂直递减率（Γ）表示，即每垂直升高 100 m，大气气温的变化值为：

$$\Gamma = -dT/dZ$$

式中

　　　　T——热力学温度，K；

　　　　Z——高度，m。

大气层的气温垂直递减率可以大于零、等于零或小于零。在对流层，当 Γ＞0 时，即大气气温随海拔高度的增加而降低，为正常状态；当 Γ＝0 时，即大气层温度不发生变化，为等温气层；当 Γ＜0 时，即大气层温度随海拔高度的增加而升高，为逆温气层。逆温是环境中很重要的大气现象，许多严重的污染事件都与之有关。因为逆温现象出现时，气层稳定性强，对于大气中垂直运动的发展起着阻碍作用，不利于大气中污染物的扩散，导致排放的气体污染物累积并产生污染事故。由于逆温现象产生区域和过程的不同，可分为近地面层逆温和自由大气逆温两种。近地面层的逆温有辐射逆温、平流逆温、融雪逆温和地形逆温等；自由大气的逆温有乱流逆温、下沉逆温和锋面逆温等。

近地面层的逆温多由于热力条件而形成，以辐射逆温为主。辐射逆温是地面因强烈辐射而冷却所形成的。这种逆温层多发生在距地面 100 ~ 150 m 高度内。最有利于辐射逆温发展的条件是平静而晴朗的夜晚。有云和有风都能减弱逆温，如风速超过 2 ~ 3 m/s 时，辐射逆温就不易形成。当白天地面受日照而升温时，近地面空气的温度随之而升高，夜晚地面由于向外辐射而冷却，便使近地面空气的温度自下而上逐渐降低。由于上面的空气比下面的空气冷却慢，结果就形成逆温现象。

平流逆温是温暖空气平流到冷地面的上方，下层暖空气受地表影响降温，上层降温少，下层降温多，而形成的逆温现象。冬季，中纬度地区海上温度高，陆上温度低，海上暖空气流到大陆上时常形成平流逆温。融雪逆温是由于地面积雪融化而产生的逆温现象。地形逆温是在山谷、河谷、盆地发生辐射逆温时，冷空气沿斜坡（边坡）流入底部，而形成的逆温现象。

自由大气层空气乱流混合形成的逆温称为乱流逆温。空气不规则乱流，使大气中包含的热量、水分、动量、污染物可充分地变换、混合，形成混合层，其结果使上层空气降温，下层空气增温。在混合层以上，混合层与不受乱流混合影响的上层空气间出现一过渡层，即乱流逆温层。下沉逆温是由于空气下沉压缩增温形成的逆温。如某一高度处的一气块，下沉时（绝热）因压力加大，使气块面积加大，厚度变薄，顶部下降的距离比气块底部的下降距离大，故顶部的增温大于底部的增温，遂形成逆温。下沉逆温多出现在高压区内，范围广、厚度大（数百米）。在对流层中，冷暖空气相遇时，密度小的暖空气会爬到密度大的冷空气的上方，形成一斜面过渡区，即锋面。在锋面上形成的逆温现象即锋面逆温。

二、大气稳定度

流体的层结对于流体的垂直运动有着重要的影响。一般来讲若密度大的流体在密度小的流体下面，则这种层结分布是稳定的，反过来就是不稳定的。然而对于空气而言尽管其密度随高度增加而减小，但它未必是稳定的。因为它的稳定性还受温度层结所制约。所以一个空气气块的稳定性应该是密度层结和温度层结共同作用来决定的。

大气稳定度是指气层的稳定程度，或者说大气中某一高度上的气块在垂直方向上相对稳定的程度。设想在层结大气中有一气块，如果由于某种原因使其产生一个小的垂直位移，其层结大气使气块趋于回到原来的平衡位置，则称层结是稳定的；若层结大气使气块趋于继续离开原来的位置，则称层结是不稳定的；介于两者之间则称层结为中性的。气块在大气中的稳定度与大气垂直递减率和干绝热垂直递减率（干空气在上升时温度降低值与上升高度之比，用 Γ_d 表示）有关。若 $\Gamma < \Gamma_d$，表明大气是稳定的；$\Gamma > \Gamma_d$ 大气是不稳定；

$\Gamma = \Gamma_d$，大气处于平衡状态。

一般来讲，大气温度垂直递减率越大，气块越不稳定。反之，气块就越稳定。如果垂直递减率很小，甚至形成等温或逆温状态，这时对大气垂直对流运动形成巨大障碍，地面气流不易上升，使地面污染源排放出来的污染物难以借气流上升而扩散。

研究大气的垂直递减率与干绝热递减率的对比是十分重要的，它可判断气块的稳定情况及气体垂直混合情况。如污染物进入平流层由于该层内垂直递减率是负值，垂直混合很慢，以致某些污染物在平流层内难以扩散，甚至可滞留达数年之久。

三、大气中污染物的扩散过程

进入大气中的污染物具有扩散稀释和浓度趋于均一的自然倾向。风可使污染物向下风向扩散，湍流可使污染物向各方向扩散，浓度梯度可使污染物发生质量扩散，其中风和湍流起主导作用。气块做有规律运动时，其速度在水平方向的分量称为风，在垂直方向上的分量中，在小尺度有规则运动中的垂直速度可达每秒几米以上，就称为对流（也称气流）。污染物可做水平运动，自排放源向下风向迁移，从而得到稀释。也可随空气的铅直对流运动升到高空而扩散。

（一）风力扩散

风力是造成污染物扩散的重要因子之一，而风力是以下四种水平方向力的合力。

①水平气压梯度力，其方向由高压到低压。

②摩擦力，包括运动空气层与其下垫面（即地面）之间的外摩擦力和运动空气层与流向或速度不同的相邻空气层之间的内摩擦力。

③由地球自转产生的偏向力。

④空气的惯性离心力。

这四种水平方向的力中，第一种力是引起风的原动力，其他三种力系在空气始动之后才产生并发生作用。由外摩擦力介入而产生的风因流经起伏不平（即粗糙度不等）的地形而具有湍流性质，使由风力载带的污染物在较小范围内向各个方向扩散。

风力是一个有大小又有方向的矢量。风力大小用风速表示，即单位时间内空气团块所移动的水平距离，常用 m/s 作为计值单位。风向与污染物走向直接有关，习惯上将风的来向定为风向，用 16 个方向表示（如东风、东南风、南风等）。风力越大，污染物沿下风向扩散稀释得越快。

（二）气流扩散

与水平方向的风力相对应，垂直方向流动的空气称为气流。它关系到污染物在上下方向间的扩散迁移。气流的发生和强弱与大气稳定度有关。稳定大气不产生气流，而大气稳定度越差，气流越剧烈，则污染物在纵向的扩散稀释越快。

低层大气中污染物的分散在很大程度上取决于对流与湍流的混合程度。垂直运动越大，用于稀释污染物的大气容积量越大。

对于一静态平衡大气的流体元，有

$$Dp = -\rho g dz$$

式中

p——大气压强，Pa。

ρ——大气密度，g/m^3。

g——重力加速度，m/s^2。

z——高度，m。

对于受热而获得浮力，正在进行向上加速度运动的气块，有

$$dv/dt = -g - 1/\rho' \, (dp/dz)$$

式中

dv/dt——气块加速度，m/s^2。

ρ'——受热气块密度，g/m^3。

由于气块与周围空气的压力是相等的，将上面 dp 代入可得

$$dv/dt = (\rho - \rho'/\rho) \, g$$

分别写出向上加速运动的气块与周围空气的理想气体状态方程，并考虑到压力相等，于是有

$$p = \rho RT = \rho' RT'$$

用温度代替密度，可得

$$dv/dt = (T - T'/T') \, g$$

该式即为由于温差而造成气块获得浮力加速度的方程。由此可以看到，受热气块会不断上升，直到 T$'$ 与 T 相等为止。这时气块与周围达到中性平衡。通常将这一高度定义为对流混合层上限，或称最大混合层高度（MMD）。

夜间最大混合层高度较低，白天则升高。夜间逆温较重情况下，最大混合层高度甚至可以达到零。而在白天可能达到 2000 ～ 3000 m。冬季平均最大混合层高度最小，夏初为最大。当最大混合层高度小于 1500 m 时，城市会普遍出现污染现象。

四、影响大气污染物迁移的因素

由污染源排放到大气中的污染物在迁移过程中要受到各种因素的影响，主要有空气的机械运动，如风和湍流，由于天气形势和地理地势造成的逆温现象以及污染源本身的特性等。

（一）风和大气湍流的影响

污染物在大气中的扩散取决于三个因素。风可使污染物向下风向扩散，湍流可使污染

物向各方向扩散，浓度梯度可使污染物发生质量扩散，其中风和湍流起主导作用。大气中任一气块，它既可做规则运动，也可做无规则运动。而且这两种不同性质的运动可以共存。气块做有规则运动时，其速度在水平方向的分量称为风，铅直方向上的分量则称为铅直速度。在大尺度有规则运动中的铅直速度在每秒几厘米以下，称为系统性铅直运动；在小尺度有规则运动中的铅直速度可达每秒几米以上，就称为对流。具有乱流特征的气层称为摩擦层，因而摩擦层又称为乱流混合层。摩擦层的底部与地面相接触，厚约 1000 ~ 1500 m。由于地形、树木、湖泊、河流和山脉等使得地面粗糙不平，而且受热又不均匀，这就是使摩擦层具有乱流混合特征的原因。在摩擦层中大气稳定度较低，污染物可自排放源向下风向迁移，从而得到稀释，也可随空气的铅直对流运动使得污染物升到高空而扩散。

摩擦层顶以上的气层称为自由大气。在自由大气中的乱流及其效应通常极微弱，污染物很少到达这里。

在摩擦层里，乱流的起因有两种。一种是动力乱流，也称为湍流，它起因于有规律水平运动的气流遇到起伏不平的地形扰动所产生的；另一种是热力乱流，也称为对流，它起因于地表面温度与地表面附近的温度不均一，近地面空气受热膨胀而上升，随之上面的冷空气下降，从而形成对流。在摩擦层内，有时以动力乱流为主，有时动力乱流与热力乱流共存，且主次难分。这些都是使大气中污染物迁移的主要原因。低层大气中污染物的分散在很大程度上取决于对流与湍流的混合程度。垂直运动程度越大，用于稀释污染物的大气容积量越大。

（二）地理环境状况的影响

影响污染物在大气中迁移的地理环境包括地形状况和地面物体。

1. 地形状况

陆地和海洋，以及陆地上广阔的平地和高低起伏的山地及丘陵都可能对污染物的扩散稀释产生不同的影响。

局部地区由于地形的热力作用，会改变近地面气温的分布规律，从而形成地方风，最终影响到污染物的输送与扩散。

（1）海陆风

海陆风会形成局部区域的环流，抑制了大气污染物向远处的扩散。例如，白天，海岸附近的污染物从高空向海洋扩散出去，可能会随着海风的环流回到内地，这样去而复返的循环该地区的污染物迟迟不能扩散，造成空气污染加重。此外，在日出和日落后，当海风与陆风交替时大气处于相对稳定甚至逆温状态，不利于污染物的扩散。还有，大陆盛行的季风与海陆风交汇，两者相遇处的污染物浓度也较高，如我国东南沿海夏季夜间海风与陆风相遇。有时，大陆上气温较高的风与气温较低的海风相遇时，会形成锋面逆温。

（2）山谷风

山谷风也会形成局部区域的封闭性环流，不利于大气污染物的扩散。当夜间出现山风时，由于冷空气下沉谷底，而高空容易滞留由山谷中部上升的暖空气，因此时常出现使污染物难以扩散稀释的逆温层。若山谷有大气污染物卷入山谷风形成的环流中，则会长时间滞留在山谷中难以扩散。

如果在山谷内或上风峡谷口建有排放大气污染物的工厂，则峡谷风不利于污染物的扩散，并且污染物随峡谷风流动，从而造成峡谷下游地区的污染。

当烟流越过横挡于烟流途径的山坡时，在其迎风面上会发生下沉现象，使附近区域污染物浓度增高而形成污染，如背靠山地的城市和乡村。烟流越过山坡后，又会在背风面产生旋转涡流，使得高空烟流污染物在漩涡作用下重新回到地面，可能使背风面地区遭到较严重的污染。

2. 地面物体

城市是人口密集和工业集中的地区。由于人类的活动和工业生产中大量消耗燃料，使城市成为一大热源。此外，城市建筑物的材料多为热容量较高的砖石水泥，白天吸收较多的热量，夜间因建筑群体拥挤而不宜冷却，成为一个巨大的蓄热体。因此，城市的气温比周围郊区气温高，年平均气温一般高于乡村 $1 \sim 1.5℃$，冬季可高出 $6 \sim 8℃$。由于城市气温高，热气流不断上升，乡村低层冷空气向市区侵入，从而形成封闭的城乡环流。这种现象与夏日海洋中的孤岛上空形成海风环流一样，所以称之为城市的"热岛效应"。

城市热岛效应的形成与盛行风和城乡间的温差有关。夜晚城乡温差比白天大，热岛效在无风时最为明显，从乡村吹来的风速可达 2 m/s。虽然热岛效应加强了大气的湍流，有助于污染物在排放源附近的扩散。但是这种热力效应构成的局部大气环流，一方面使得城市排放的大气污染物会随着乡村风流返回城市；另一方面，城市周围工业区的大气污染物也会被环流卷吸而涌向市区，这样，市区的污染物浓度反而高于工业区，并不易散去。

城市内街道和建筑物的吸热和放热的不均匀性，还会在群体空间形成类似山谷风的小型环流或涡流。这些热力环流使得不同方位街道的扩散能力受到影响，尤其对汽车尾气污染物扩散的影响最为突出。如建筑物与在其之间的东西走向街道，白天屋顶吸热强而街道受热弱，屋顶上方的热空气上升，街道上空的冷空气下降，构成谷风式环流。晚上屋顶冷却速度比街面快，使得街道内的热空气上升而屋顶上空的冷空气下沉，反向形成山风式环流。由于建筑物一般为锐边形状，环流在靠近建筑物处还会生成涡流。当污染物被环流卷吸后就不利于向高空的扩散。

排放源附近的高大密集的建筑物对烟流的扩散有明显影响。地面上的建筑物除了阻碍气流运动而使风速减小，有时还会引起局部环流，这些都不利于烟流的扩散。例如，当烟流掠过高大建筑物时，建筑物的背面会出现气流下沉现象，并在接近地面处形成返回气流，从而产生涡流。因此，建筑物背风侧的烟流很容易卷入涡流之中，使靠近建筑物背风侧的污染物浓度增大，明显高于迎风侧。如果建筑物高于排放源，这种情况将更加严重。通常，当排放源的高度超过附近建筑物高度 2.5 倍或 5 倍以上时，建筑物背面的涡流才不会对烟流的扩散产生影响。

（三）污染物特征的影响

实际上大气污染物在扩散过程中，除了在湍流及平流输送的主要作用下被稀释外，对于不同性质的污染物，还存在沉降、化合分解、净化等质量转化和转移作用。虽然这些作用对中、小尺度的扩散为次要因素，但对较大粒子沉降的影响仍需考虑，而对较大区域进行环境评价时净化作用的影响不能忽略。大气及下垫面的净化作用主要有干沉积、湿沉积和放射性衰变等。

干沉积包括颗粒物的重力沉降与下垫面的清除作用。显然，粒子的直径和密度越大，其沉降速度越快，大气中的颗粒物浓度衰减也越快，但粒子的最大落地浓度靠近排放源。所以，一般在计算颗粒污染物扩散时应考虑直径大于 $10\ \mu m$ 的颗粒物的重力沉降速度。当粒径小于 $10\ \mu m$ 的大气污染物及其尘埃扩散时，碰到下垫面的地面、水面、植物与建筑物等，会因碰撞、吸附、静电吸引或动物呼吸等作用而被逐渐从烟流中清除出来，也能降低大气中污染物浓度。但是，这种清除速度很慢，在计算短时扩散时可不考虑。

湿沉积包括大气中的水汽凝结物（云或雾）与降水（雨或雪）对污染物的净化作用。放射性衰变是指大气中含有的放射物质可能产生的衰变现象。这些大气的自净化作用可能减少某种污染物的浓度，但也可能增加新的污染物。由于问题的复杂性，目前尚未掌握它们对污染物浓度变化的规律性。若假定有粒子重力沉降时污染物的扩散规律与无沉降时相同，且地面对粒子全吸收，并假定污染物浓度在湿沉积、放射性衰变和化学反应净化作用下随时间按指数规律衰减。

第四节　大气中污染物的转化

一、氮氧化物的转化

（一）NO 的化学反应

在大气中 NO 十分活跃，它能与 $RO_2\cdot$、$HO_2\cdot$、$HO\cdot$、$RO\cdot$ 等自由基反应，也能与 O_3 和 NO_2 等气体分子反应，这些反应在大气化学中具有重要意义。

1. NO 向 NO_2 的转化

大气中 NO 向 NO_2 的转化反应包含在自由基 $HO\cdot$ 引发的碳氢化合物的链式反应之中，当碳氢化合物与 $\cdot OH$ 反应生成的自由基再与大气中的 O_2 生成过氧自由基 $RO_2\cdot$ 或 $HO_2\cdot$ 时，就可将 NO 氧化成 NO_2。

$$RO_2\cdot + NO \rightarrow RO\cdot + NO_2$$

或

$$RO_2 \cdot + NO \rightarrow RONO_2$$

其中生成的 RO· 可以和 O_2 作用生成醛和 $HO_2 \cdot$，$HO_2 \cdot$ 又可导致一个 NO 分子的转化：

$$HO_2 \cdot + NO \cdot \rightarrow HO \cdot + NO_2$$

在一个碳氢化物被 HO· 氧化的链循环中，往往有两个 NO 被氧化成 NO_2，同时 HO· 得到复原。上述反应在 NO 的氧化中起着很重要的作用。

2. NO 与 O_3 的反应

$$NO + O_3 \rightarrow NO_2 + O_2$$

NO 和 O_3 的反应速率甚快，若空气中 O_3 浓度为 30 mL/m³，则少量 NO 仅在 1 min 内即可氧化完全。但当 NO 比 O_3 浓度大时，每生成一个 NO_2 分子的同时，要消耗一个 O_3；在空气中不能同时得到高浓度的 O_3 和高浓度的 NO，在 NO 浓度未下降时，O_3 的浓度不会上升得很高。

因此，这个反应控制了污染地区 O_3 浓度的最高值。

3. NO 与 HO· 和 RO· 的反应

$$NO + \cdot OH \rightarrow HONO$$

$$NO + RO \cdot \rightarrow RPNO$$

$$NO + RO \cdot \rightarrow R_1R_2CO + HONO$$

所生成的 HONO 和 RONO 极易光解，因此，这个反应在白天不易维持。但此反应对于晚间作为 NO 的临时储存有很大的作用。

4. NO 与 NO_3 的反应

$$NO + NO_3 \rightarrow 2NO_2$$

此反应很快，故大气中的 NO_3 只有当 NO 浓度很低时，才有可能以显著量存在。因此，NO_3 的反应在晚间能否进行，相当程度上受到 NO 浓度的控制。

（二）NO_2 的化学反应

NO_2 的光解反应是它在大气中最重要的化学反应，是大气中 O_3 生成的引发反应，也是 O_3 唯一的人为来源。假定 NO_2 在仅充有 N_2 的简单系统中进行短时间光解，目前认为至少要发生以下 7 个相关反应。

$$NO_2 \rightarrow NO + O$$

$$NO_2 + O \rightarrow NO + O_2$$

$$NO_2 + O + M \rightarrow NO_3$$

$$NO + O + M \rightarrow NO_2$$

$$NO+NO_3 \rightarrow 2NO_2$$

$$NO_2+NO_3+M \rightarrow N_2O_5$$

$$N_2O_5 \rightarrow NO_3+NO_2$$

如果 NO_2 是在清洁空气（含 N_2 和 O_2）中进行长时间光解，除存在上述 7 个反应外还要发生以下 4 个反应。

$$O+O_2 \rightarrow O_3$$

$$NO+O_3 \rightarrow NO_2+O_2$$

$$NO_2+O_3 \rightarrow NO_3+O_2$$

$$2NO+O_2 \rightarrow 2NO_2$$

可见，在有 O_2 存在时将发生形成 O_3 的重要反应，O_3 是由 NO_2 光解产生的二次污染物。NO_2 也能与一系列自由基如 $HO\cdot$、$HO_2\cdot$、$RO\cdot$、$RO_2\cdot$、O_3 及 NO_3 等反应，其中比较重要的是与 $HO\cdot$、NO_3 和 O_3 的反应。

1. NO_2 与 $HO\cdot$ 的反应

$$NO_2+HO\cdot+M \rightarrow HONO_2$$

此反应是大气中气态 HNO_3 的主要来源，对酸雨和酸雾的形成有贡献。白天·OH 浓度高时，此反应会有效地进行。

2. NO_2 与 O_3 的反应

$$NO_2+O_3 \rightarrow NO_3+O_2$$

$$NO_2+O_3 \rightarrow NO+2O_2$$

此反应在对流层大气中也是一个重要的反应，尤其在 NO_2 和 O_3 浓度较高时，它是大气中 NO_3 的主要来源，此反应在夜间也能发生。

（三）硝酸和亚硝酸的反应

NO_x 能在大气和云雾液滴中转化成硝酸和亚硝酸。

$$2NO_2+H_2O \rightarrow HNO_3+HNO_2$$

$$N_2O_5+H_2O \rightarrow 2HNO_3$$

$$NO+NO_2+H_2O \rightarrow 2HNO_2（夜间进行）$$

上述反应生成的 HNO_3 和 HNO_2 是大气中 NO_x 的主要归宿，可通过颗粒物吸附和降水、雨刷过程带到地面。另外，HNO_3 和 HNO_2 可以通过化学反应或光解而去除。

1. HNO_2

HNO_2 光解很快，是大气中 $HO\cdot$ 的主要来源之一，尤其是在污染地区、黎明时分，光解是 HNO_2 在大气中最主要的反应。

$$HONO+hv（λ ＜ 400nm）→ HO·+NO$$

白天，HNO_2 在大气中只能停留 10 ~ 20 min。此外，HNO_2 还能与 HO· 反应。

$$HONO+HO·→ H_2O·+NO_2$$

2. HNO₃

HNO_3 的主要化学反应有。

$$HNO_3+HO·→ H_2O·+NO_2$$

$$HNO_3+NH_3 → NH_4NO_3（颗粒）$$

NH_4NO_3 易吸湿潮解。25℃时，当相对湿度（RH）＜ 62% 时，以固体存在；当 RH ＞ 62% 时，则以液态存在。

NH_4NO_3 易吸湿潮解。25℃时，当相对湿度（RH）＜ 62% 时，以固体存在；当 RH ＞ 62% 时，则以液态存在。

二、硫氧化物的转化

二氧化硫在大气中的主要化学演变过程是 SO_2 被氧化成 SO_3，SO_3 被水吸收形成 H_2SO_4，再遇 NH_4^+ 及其他离子形成（NH_4）$_2SO_4$ 或其他硫酸盐，然后以微粒形式参与大气循环。在二氧化硫向硫酸及硫酸盐转化过程中，SO_2 向 SO_3 的转化是关键一步。由于氧化反应可以在气体中、液滴里和固体微粒表面上进行，涉及一般反应、催化反应及光化学反应等多种复杂反应；氧化途径受反应条件（如反应物组成、光强、温度和催化剂等）影响较大，使大气中 SO_2 的化学反应变得十分复杂，其反应途径有：光化学氧化、均相气相氧化、液相氧化、在颗粒物表面上的氧化。已经证实，对陆地及水生生态系统、人体健康、能见度和气候等产生不利影响的主要物质不是 SO_2 本身，而是其氧化产物。

（一）SO₂ 的均相氧化

SO_2 的均相氧化是指 SO_2 在大气中进行的气相氧化过程，包括直接光氧化和自由基氧化过程。

1. 直接光化学氧化

从热力学观点看，大气中 SO_2 被 O_2 氧化的反应可以自发完全进行。

$$2SO_2+O_2 → 2SO_3$$

但在没有催化剂的均相气相条件下，该反应进行得极为缓慢，几乎可以完全忽略该反应对大气中 SO_2 转化为 SO_3 的贡献。

SO_2 分子受太阳辐照被缓慢地氧化成 SO_3，若有 H_2O，SO_3 迅速转变成 H_2SO_4。

大气中 SO_2 的光氧化速率约为 $10^{-7}[SO_2]$（s^{-1}）或 $0.04\%[SO_2]$（h^{-1}）。如果大气中有碳氢化合物和氮氧化物存在，SO_2 的光氧化速率明显比在清洁空气中快。

2. 自由基氧化

SO_2 的均相氧化反应主要是被大气中的 $HO_2·$、$RO_2·$ 和 $HO·$ 等自由基所氧化。

一般情况下，$RO_2·$ 和 $CH_3O_2·$ 与 SO_2 的反应可忽略不计，但当光化学烟雾形成反应中存在较高浓度的碳氢化合物时，上述两个反应就不能忽略。比较重要的是 SO_2 被 $HO_2·$ 和 $HO·$ 自由基氧化。在 SO_2 的大气气相氧化中，SO_2 与 $HO·$ 自由基的反应占重要地位，氧化速率约是被 $HO_2·$ 氧化的 12 倍。SO_2 在大气中均相氧化的总速率约为 $1.2 \times 10^{-6}[SO_2]$（s^{-1}）或 $0.43\%[SO_2]$（h^{-1}）。

由此可见，SO_2 在大气中的气相均相氧化（间接光氧化）的速率比直接光氧化过程要快得多，这种转化目前被认为是低层大气中 SO_2 转化的主要机制，但有关湿度、温度及光强等因素的影响如何，仍需进一步研究。

（二）SO_2 的液相氧化

SO_2 溶于云、雾中，可被其中的 O_3、H_2O 所氧化，这里 SO_2 溶于水是发生液相氧化的先决条件。

SO_2 溶于水后的氧化途径可简述如下。

1. 被 O_3 氧化

其反应式可表示如下：

$$SO_2+H_2O+O_3 \rightarrow 2H^++SO_4^{2-}+O_2$$

$$HSO_3^-+O_3 \rightarrow HSO_4^-+O_2$$

$$SO_3^{2-}+O_3 \rightarrow SO_4^{2-}+O_2$$

上式中，SO_3^{2-} 与 O_3 的反应最快，其次是 HSO_3^-，最慢的是 SO_2+H_2O。这三个反应的重要性随 pH 值的变化而不同，pH 值较低时，SO_2 与 H_2O 与 O_3 的反应较重要，pH 值高时，SO_3^{2-} 与 O_3 的反应占优势。

2. 在金属离子存在下的催化氧化

SO_2 的催化氧化可用下式表示：

$$2SO_2+2H_2O+O_2 \rightarrow 2H_2SO_4$$

催化剂可以是 M_2SO_4，也可以是 MCl，而 $FeCl_3$、$MgCl_2$、$Fe_2（SO_4）_3$ 及 $MgSO_4$ 是经常悬浮在大气中的。在高湿度时，这些颗粒起凝聚中心的作用，从而易形成水溶液小珠，随后过程是 SO_2 的吸收及 O_2 穿过气溶胶的氧化。有人认为这个过程可能是：SO_2 被液珠表面吸收；SO_2 向液珠内部扩散；内部的催化反应。实验表明，液滴的 pH 值能影响催化反应的速率；反应在碱性及中性条件下较快，而在酸性条件下较慢；另外相对湿度也能影响氧化过程，湿度降低，氧化速率减慢。

一般认为 SO_2 的催化氧化为一级反应，速率常数随催化剂类型及相对湿度而改变。

大气中 SO_2 的氧化有多种途径。其主要途径是 SO_2 的均相气相氧化和液相氧化。SO_2

氧化转化机制视具体环境条件而异。例如，在白天低湿度条件下，以光氧化为主；而在高湿度条件下，催化氧化则可能是主要的，往往生成 H_2SO_4（气溶胶），若有 NH_3 吸收，在液滴中就会生成硫酸铵。

第五节　大气环境化学的新进展

一、目前关注的大气环境问题

（一）城市和区域大气环境问题

城市和区域大气环境问题主要有以下三方面。

一是空气质量研究。目前发现，长距离输送已导致 O_3 等污染物跨洲输送，增加下风向地区 O_3 背景浓度。细颗粒物在大气中停留时间长、成分复杂，目前对细颗粒物表面的反应动力学研究还处于初期阶段。

二是人体健康研究。目前已证实细颗粒物对人体健康有影响，但影响的机理还远不清楚，能否以及如何建立剂量—效应关系问题还有待回答。

三是区域气候影响研究。对流层 O_3 是一种温室气体，其作用与 CH_4 相当，其生成主要受人为排放前体物的影响，具有区域性特征。颗粒物可以成为云的凝聚核，但其成云机理尚很不清楚。

（二）全球大气环境问题

全球大气环境问题主要有以下两方面

一是对气候变化的放大或减小，大气化学扮演何种角色？包括：气体的释放和沉降怎样影响气候的空间分布；平流层—对流层交换、人为和天然前体物排放以及光化学过程在控制 O_3 浓度及其对气候变化影响的相对重要性；气溶胶的源汇、分布和性质、对气候的直接影响和气溶胶对云、云的光学性质、降水、区域水循环的影响等。

二是变化中的区域排放和沉降、长距离输送、化学转化等过程对空气质量和行星边界层化学成分的变化起着什么影响？包括：氧化剂和气溶胶及其气体物由大陆向全球大气的输出通量，输送中的转换；洲际输送对地表空气质量的影响和人类活动将怎样改变未来大气的清洁能力等。

二、最新研究进展

这里只选择某些最新的观测和实验结果加以介绍。

一是污染物跨洲输送。研究表明，欧亚大陆污染可通过西风跨越太平洋增加北美 CO、PAN、O_3 及气溶胶的浓度，没有多少证据证明北美人为排放物会跨过大西洋影响到欧洲的空气质量，而在欧洲上对流层确实观测到几次 O_3 浓度的增高明显来自北美的输送。

二是化学输送模式计算与观测结果的比较。空间覆盖面较大的化学输送模式用于化学物质的跨洲输送的研究。卫星遥感的空间覆盖面与其相当，因此目前许多研究已成功将这两个方法相结合。

三是对流层自由基化学。大气中难氧化物质 CO、CH_3Cl、CH_4 等的降解表明了 HO· 和 HO_2· 的存在。最近的研究表明，NO_3、Cl、Br、I、BrO 等自由基对大气氧化性也有相当大的贡献。

四是 HO· 的观测。建立对流层大气 HO· 的测量方法花了近 20 年时间，直到 20 世纪 90 年代实验技术才在可靠性、灵敏性和时空分辨率方面满足要求。然而最新的 HO· 测量仪器也是技术非常复杂，限制了其在外场观测的广泛使用。

五是冰雪表面的光化学反应。最近在极地的研究发现，在光照下，冰雪表面会生成和释放反应 HCHO、CH_3CHO、NO_x、HONO、CO、H_2O_2、BrCl、Br_2 等。目前的假设是硝酸盐光解生成 HO·，后者与冰雪中溶解的有机物反应生成一系列羰基化合物。

六是云形成的多相物理化学过程及其对气候的影响。多年来一直认为云凝聚核主要由无机可溶盐组成。最近发现有机气溶胶化合物及其溶解性和表面张力以及凝聚在云滴的气体（如 HNO3）是影响成云的重要化学因素。

七是气溶胶化学组分的区域变化及辐射效应。最近的国际观测实验发现南大洋亚微米气溶胶主要由海盐组成，而在印度洋亚微米气溶胶是海盐、硫酸盐和元素碳的混合物。

八是矿物质气溶胶的多相化学反应及其对全球对流层化学成分的影响。模式和实验室研究表明在沙尘气溶胶表面的反应可以在全球范围降低 4ppbV 的 O_3，而在北非则可以降低高达 20ppbV 的 O_3。两个最重要的反应是 HNO_3 的吸附和 O_3 的直接吸附。

九是亚洲棕色。自 1995 年起在印度洋上空开展的实验，发现霾笼罩了亚洲大部地区，其中污染最严重的是印度北部和中国东部，这一可能影响区域和全球气候的现象被形象地称为亚洲棕色云。其原因和影响还很不清楚。霾，粒径约 0.1 μm 的干尘或盐粒构成的漂（浮）尘，呈微黄色、棕色或浅蓝色，水平视程小于 2 km。

第四章　现代土壤环境化学原理

土壤是人们所面对的重要自然环境，人们的农业生产离不开土壤，然而随着农业生产水平的提高，土壤的污染问题也日益暴露出来。本章即对土壤的环境化学原理进行研究。

第一节　土壤的组成与性质

一、土壤的组成

土壤是由固体、液体和气体物质组成的多相分散系统。土壤的基本成分是矿物质、有机质、水分和空气。这些成分在土壤中相互结合、相互依赖和相互制约。

土壤中的固体物质是由颗粒状的矿物质和土壤有机质（包括动植物残体及其转化产物和活动的土壤微生物、土壤动物）形成的不可分割的复合体。土壤矿物质是由岩石经风化而成的，构成土壤的基本骨架，一般占土壤总质量的 95% ~ 98%；土壤有机质包覆在矿物质颗粒表面，占土壤总质量的 1% ~ 5%。

（一）土壤气体

土壤气体是指土壤孔隙中存在的各种气体混合物，也称土壤空气。它影响土壤微生物的活动、植物的生长发育，参与土壤中营养物质和污染物的转化，是土壤的重要组分之一。土壤空气的数量，通常以单位土体容积中所占容积百分数来表示，称为土壤含气量。

空气和水分共存于土壤的孔隙系统中，在水分不饱和的情况下，孔隙中总有空气存在，这些气体主要源于大气，其次是土壤中进行的生物化学过程所产生的气体，因而，土壤空气成分和大气有一定的差别。

土壤空气与大气不同之处主要表现有：首先，土壤空气是不连续的，存在于被隔开的土壤孔隙中，其组成因土壤成分差异而不尽相同；其次，土壤空气一般比大气含水量高，在土壤含水量适宜时，土壤相对湿度接近 100%；再次，由于土壤生物（根系、土壤动物、土壤微生物）的呼吸作用和有机质的分解等，土壤空气中 CO_2 的含量一般高于大气，为大气 CO_2 含量的 5 ~ 20 倍，同样由于生物消耗 O_2，土壤空气中的 O_2 含量则明显低于大气，当土壤通气性不良时，或者土壤中的新鲜有机质状况以及温度和水分状况有利于微生物活动时，都会进一步提高土壤空气中 CO_2 的含量而降低 O_2 的含量，由于通气效果差，微生物对有机质进行厌氧性分解，产生大量的还原性气体，如 CH_4、CO、H_2、H_2S、NH_3、

NO_2 等，而大气中一般还原性气体极少。土壤空气中的 N_2 含量与大气中的含量相差很小，主要是由于 N_2 是一种不活泼的气体，很少参与土壤中的各种过程；此外，在土壤空气组成中，经常含有与大气污染相同的污染物质。

土壤空气的数量和组成不是固定不变的，土壤孔隙状况的变化和含水量的变化是土壤空气数量发生变化的主要原因。土壤空气组成的变化则受两组同时进行的过程制约：一组过程是土壤中的各种化学和生物化学反应，其作用结果是消耗 O_2 和产生 CO_2；另一组过程是土壤空气与大气相工交换，即空气运动，此两组过程，前者趋于扩大土壤空气组成与大气的差别，后者则趋于使土壤空气组成与大气一致，总体表现为动态平衡。通过对流和扩散，土壤空气和大气进行交换；否则，土壤空气中的 O_2 可能在 12 ~ 24h 内消耗殆尽。

（二）土壤矿物质

土壤矿物质是天然产生于地壳中具有一定物理性质、化学组成和内在结构的物质，是组成岩石的基本单位，构成了土壤的骨架。土壤矿物质是岩石经物理和化学风化作用形成的，按其成因可以分为原生矿物和次生矿物两类。

1. 原生矿物

原生矿物是各种岩石（主要是岩浆岩）经物理作用风化形成的碎屑，也即在风化过程中未改变化学组成和结晶结构的原始成岩矿物，它们主要分布在土壤的沙粒和粉粒中。主要的原生矿物可分为以下四类。

（1）硅酸盐类矿物

层状硅酸盐黏土矿物从外部形态上看，是一些极微细的结晶颗粒；从内部构造上看，是由两种基本结构单位所构成，且都含有结晶水，只是化学成分和水化程度不同而已。如长石、云母、辉石等，它们易风化而释放出钾、镁、铝和铁等植物所需的无机营养元素供植物和微生物吸收利用，同时形成新的次生矿物。

（2）氧化物类矿物

氧化物类矿物既可以结晶质状态存在，也可以非晶质状态存在，一般较为稳定、不易风化，对植物养分意义不大。如土壤中广泛分布的石英（SiO_2），热带、亚热带土壤中常见矿物，如赤铁矿（Fe_2O_3）、金红石（TiO_2）等。

（3）硫化物类矿物

硫化物类矿物主要为含铁的硫化物，即黄铁矿和白铁矿，两者为同质异构体，化学式均为 FeS_2，极易风化，是土壤中硫元素的主要来源。

（4）磷酸盐类矿物

土壤中分布广泛的有氟磷灰石（$Ca_5(PO_4)_3F$）、氯磷灰石（$Ca_5(PO_4)_3Cl$）、磷酸铁（$FePO_3$）、磷酸铝（APO_4）等，是土壤无机磷的主要来源。

2. 次生矿物

次生矿物为原生矿物经风化后重新形成的新矿物，其化学组成和晶体结构都会有所改变，有晶态和非晶态之分。次生矿物颗粒很小，具有胶体性质，它是土壤中黏粒和无机胶体的组成部分，也是土壤固体物质中最有影响的部分，影响土壤许多重要的物理化学性质，如吸收性、保蓄性、膨胀收缩性、黏着性等。土壤中次生矿物种类很多，按照其结构和性质可以分为三类：简单盐类、三氧化物类和次生铝硅酸盐类。

（1）简单盐类

这类矿物包括碳酸盐，如方解石（$CaCO_3$）、白云石（$CaMg(CO_3)_2$）、石膏（$CaSO_4 \cdot 2H_2O$）、泻盐（$MgSO_4 \cdot 7H_2O$）、芒硝（$Na_2SO_4 \cdot 10H_2O$）、水氯镁石（$MgCl_2 \cdot 6H_2O$）等。它们都是原生矿物经化学风化后的最终产物，晶体结构也较简单，属于水溶性盐，易淋失，一般土壤中较少，常见于干旱和半干旱地区的土壤和盐渍土中。

（2）三氧化物类

这类矿物主要有针铁矿（$Fe_2O_3 \cdot H_2O$）、褐铁矿（$2Fe_2O_3 \cdot 3H_2O$）和三水铝石（$Al_2O_3 \cdot 3H_2O$）等，它们是硅酸盐矿物彻底风化后的产物，结晶构造较简单，常见于湿热的热带和亚热带地区土壤中，特别是基性岩（玄武岩、石灰岩、安山岩）上发育的土壤中含量最多。

（3）次生铝硅酸盐类

这类矿物在土壤中普遍存在，种类很多，由长石等原生铝硅酸盐矿物风化后形成，它们是土壤的主要成分，故又称为黏土矿物或黏粒矿物。母岩和环境条件的不同，使岩石风化处于不同阶段，在不同的风化阶段所形成的次生黏土矿物的种类和数量也不同。但其最终产物都是铁铝氧化物。土壤中次生铝硅酸盐可分为伊利石、蒙脱石和高岭石等三大类。

伊利石是一种风化程度较低的矿物，一般土壤中均有分布，但以温带干旱地区的土壤中含量最多。其颗粒直径小于 2 pm，膨胀性较小，具有较高的阳离子交换量，并富含钾素。

蒙脱石为伊利石进一步风化的产物，是基性岩在碱性环境条件下形成的，在温带干旱地区的土壤中含量较高。其颗粒粒径小于 $1\ \mu m$，因而分散性高，吸水性强，且膨胀性大，阳离子交换量极高。它所吸收的水分植物难以利用，因此，生长在富含蒙脱石的土壤的植物易感水分缺乏，同时干裂现象严重而不利于植物生长。

高岭石为风化程度极高的矿物，主要见于湿热的热带和亚热带地区土壤中，在花岗岩残积母质上发育的土壤中含量也较高。高岭石类颗粒直径较大，膨胀性小，阳离子交换量亦低，因而富含高岭石的土壤透水性良好，植物可获得的有效水分多，但供肥、保肥能力差，植物易感养分不足。次生矿物为土壤提供了氧、钾、铝、铁、钠、钾、钙、镁和硫等基本元素。

（三）土壤有机质

土壤有机质指土壤中动植物残体、微生物体及其分解和生成的物质，是土壤固相组成部分。土壤有机质是土壤中重要的物质组成，一般占土壤固相总质量的5%左右，含量虽不高，但对土壤形成过程及物理化学性质影响大，能促进土壤结构形成，调控土壤水、热、气、肥，缓冲土壤中污染物质的毒害，是植物和微生物生命活动所需养分和能量的源泉。

土壤有机质的化学组成有碳水化合物，含氮化合物，木质素，含磷、含硫化合物和脂肪、蜡质、单宁、树脂等。土壤有机质可分为两大类：第一类为非特殊性的土壤有机质，包括动植物残体的组成部分及有机质分解的中间产物，如蛋白质、树脂、糖类和有机酸等，占土壤有机质总量的 10% ~ 15%；第二类为土壤腐殖质，这是土壤特有的有机物质，不属于有机化学中现有的任何一类，占土壤有机质总量的 85% ~ 90%，主要是动植物残体通过微生物作用转化而成的。

土壤有机质主要来源于动植物残体，各类土壤差异大，一般为森林＞草原＞荒漠；森林植被中，热带森林＞亚热带森林＞温带森林＞寒温带针叶林；草原植被中，热带稀树草原＞温带草原＞荒漠化草原＞荒漠植被。

二、土壤的性质

土壤因其矿物组成和化学组成不同、颗粒大小和结构不同而表现出不同的物理化学性质和生物学特性。

（一）土壤的吸附性

土壤具有吸附并保持固态、液态和气态的能力，也即土壤具有吸附性能。土壤的吸附性能与土壤中存在的胶体物质密切相关。土壤胶体是土壤固体颗粒中最细小的、具有胶体性质的微粒，土壤学中所指的土壤胶体是指土壤颗粒直径小于 2 μm 的土壤微粒。土壤胶体以其巨大的比表面积和带电性，使土壤具有吸附性能，对污染物在土壤中的迁移、转化起着重要作用。

1. 土壤胶体的离子吸附

土壤的吸收性能是指土壤吸收和保持土壤溶液中的分子和离子、悬液中的悬浮颗粒、气体及微生物的能力。土壤离子交换作用为土壤的物理化学吸收方式，是指土壤对可溶性物质中离子态养分的保持能力，由于土壤胶体带有正电荷或负电荷，能吸附溶液中带异号电荷的离子，这些被吸附的离子又可与土壤溶液中的同号电荷的离子交换而达到动态平衡。

（1）土壤胶体的阳离子吸附

一般情况下，土壤有机胶体或无机胶体带负电荷，在其表面吸附了一定量的阳离子，如 Al^{3+}、Ca^{2+}、Mg^{2+}、K^+、H^+ 等，这些被土壤胶体所吸附的离子，可以与溶液中其他阳离子相互交换，对于这种能相互交换的阳离子称为交换性阳离子，这种相互交换作用称为离子交换作用。离子交换作用包括阳离子交换作用和阴离子交换作用。土壤胶体吸附的阳离子与土壤溶液中的阳离子进行交换反应。

土壤胶体在吸附阳离子过程中，可与土壤溶液中的阳离子以离子价为依据进行等价交换，一种阳离子将其他阳离子从胶粒上交换下来的能力叫作该种阳离子的交换能力。影响阳离子交换能力的主要因素有离子电荷数、离子半径及水化程度等。一般离子电荷数越高，阳离子交换能力越强；同价离子中，离子半径越大，水化离子半径就越小，因而具有较强的交换能力。土壤中一些常见阳离子的交换能力顺序如下：

$Fe^{3+} > Al^{3+} > H^+ > Ba^{2+} > Sr^{2+} > Ca^{2+} > Mg^{2+} > Cs^+ > Rb^+ > NH_4^+ > K^+ > Na^+ > Li^+$。

土壤的可交换性阳离子有两类：一类是致酸离子，包括 H^+ 和 Al^{3+}；另一类是盐基离子，包括 Ca^{2+}、Mg^{2+}、K^+、Na^+、NH_4^+ 等。当土壤胶体上吸附的阳离子均为盐基离子，且已达到吸附饱和时的土壤，称为盐基饱和土壤。若土壤胶体上吸附的阳离子有一部分为致酸离子，则这种土壤为盐基不饱和土壤。土壤交换性阳离子中盐基离子所占的百分数称为土壤盐基饱和度。盐基饱和度的大小常与降雨量、母质、植被等自然条件有密切关系。一般干旱地区的土壤盐基饱和度大，多雨地区则较小。我国土壤阳离子交换量由南向北、由西向东有逐渐增多的趋势。

每千克干土中所含全部阳离子总量，称为阳离子交换量（CEC），单位为 cmol/kg。影响阳离子交换量的因素有以下几个：土壤胶体种类不同，阳离子交换量不同。饱和度相同的条件下，不同种类胶体的阳离子交换量的顺序为有机胶体＞蒙脱石＞水化云母＞高岭土＞含水氧化铁、铝；土壤质地越细，阳离子交换量越大。土壤胶体物质（包括矿质胶体、有机胶体和复合胶体）越多，则阳离子交换量越大。就矿质胶体而言，阳离子交换量随着质地黏重程度增加而增加。研究表明沙土、沙壤土、壤土和黏土的阳离子交换量分别为 $1 \sim 5$ cmol/kg、$7 \sim 8$ cmol/kg、$7 \sim 18$ cmol/kg、$25 \sim 30$ cmol/kg；土壤胶体中 SiO_2 与 R_2O_3（R_2O_3 为 $Al_2O_3+Fe_2O_3$）含量比值越大，其阳离子交换量越大，当 SiO_2 与 R_2O_3 的含量比值小于 2 时，阳离子交换量显著降低；因土壤胶体表面 - OH 基团的解离受 pH 值的影响，土壤溶液体系 pH 值下降，土壤负电荷减少，阳离子交换量降低，反之交换量增大。

（2）土壤胶体的阴离子吸附

土壤对阴离子的吸附既有与对阳离子吸附相似之处，又有不同的地方。如土壤胶体对阴离子也有静电吸附和专性吸附作用，但一般土壤胶体带负电荷，因此，在很多情况下，阴离子还可出现负吸附现象。虽然，从数量上讲，大多数土壤对阴离子的吸附量比对阳离子的吸附量少，但由于许多阴离子在植物营养、环境保护甚至矿物形成和演变等方面均具有相当重要的作用，因此，土壤的阴离子吸附一直是土壤化学研究中相当活跃的领域。按照其吸附机理可以分为交换吸附、静电吸附和负吸附。

土壤中阴离子交换吸附是指带正电荷的胶体所吸附的阴离子与溶液中阴离子的交换作用。阴离子的交换吸附比较复杂，它可与胶体微粒（如酸性条件下带正电荷的含水氧化铁、铝）或溶液中阳离子（Ca^{2+}、Al^{2+}、Fe^{3+}）形成难溶性沉淀而被强烈地吸附。由于 Cl^-、NO_3^-、NO_2^- 等离子不能形成难溶盐，故它们不被或很少被土壤吸附。各种阴离子被土壤胶体吸附的顺序为 F^- ＞草酸根＞柠檬酸根＞ PO_4^{3-} ≥ ASO_4^{3-} ≥硅酸根＞ HCO_3^- ＞ $H_2BO_3^-$ ＞ CH_3COO^- ＞ SCN^- ＞ SO_4^{2-} ＞ Cl^- ＞ NO_3^-。如 F^- 与 OH^- 的交换吸附过程如下。

土壤对阴离子的静电吸附是由于土壤胶体表面带有正电荷引起的。产生静电吸附的阴离子主要是 Cl^-、NO_3^-、ClO_4^- 等，这种吸附作用是由胶体表面与阴离子之间的静电引力所产生的，因此，离子的电荷及其水合半径大小直接影响离子与胶体表面的作用力。对于同一土壤，当环境条件相同时，相反电荷离子的价态越高，吸附力越强；同价离子中，水合半径较小的离子，吸附力较强。产生阴离子静电吸附的主要是带正电荷的胶体表面，因此，这种吸附与土壤表面正电荷的数量及密度密切相关。土壤中铁、铝、锰的氧化物是产生正电荷的主要物质。在一定条件下，高岭石结晶的边缘或表面上的羟基也可带正电荷。此外，有机胶体表面的某些带正电荷的基团如 $-NH_3^+$ 等也可静电吸附阴离子。pH 值是影响可变电荷的重要因素，因此，土壤 pH 值的变化对阴离子的静电吸附有重要影响。随着 pH 值的降低，正电荷增加，静电吸附阴离子量增加。

阴离子的负吸附是指电解质溶液加入土壤后阴离子浓度相对增大的现象。阴离子负吸附的主要原因为，大多数土壤在一般情况下主要带负电荷，因此会造成对同号电荷的阴离子的排斥，其斥力大小和阴离子与土壤胶体表面距离有关，距离越近则斥力越大，对阴离子排斥越强烈，表现出较强的负吸附；反之，负吸附则弱。

2. 土壤胶体的性质

（1）大的比表面积和表面能

比表面积是单位质量（或体积）物质中所有颗粒总外表面积之和（单位为 cm^2/g、cm^2/cm^3）。一般包括外表面和内表面，外表面主要指黏土矿物、氧化物（如铁、铝和硅等的氧化物）和腐殖质分子等暴露在外的表面，内表面主要指的是层状硅酸盐矿物晶层之间的表面以及腐殖质分子聚集体内部的表面。比表面积是衡量物质特性的重要参量，其大小与颗粒的粒径、形状、表面缺陷及孔隙结构等密切相关；一定质量或体积的土壤，随着颗粒数增多，比表面积增大。物体表面分子与该物体内部的分子处于不同环境，内部分子与相似分子接触，受到相等的吸引力可相互抵消，而表面分子受到内部和外部不同的吸引力而具有多余的自由能。处于胶体表面分子受到内部和周围接触介质界面上的引力不平衡而具有的剩余能量称为表面能。物质的比表面积越大，表面能越大，因而表现出吸附特性。

（2）表面带有电荷

土壤胶体微粒都带有一定的电荷，在多数情况下带负电荷，但也有带正电荷的，还有因环境条件不同而带不同电荷的两性胶体。土壤胶体微粒带电的主要原因是微粒表面分子本身的解离。因而土壤胶体微粒具有双电层结构，微粒的内部一般带负电荷，形成一个负离子层，其外部由于电性吸引，形成一个正离子层，合称为双电层。

土壤胶体的种类不同，产生电荷的机制也不同。根据土壤胶体电荷产生的机制，一般可将其分为永久电荷和可变电荷。

永久电荷是由黏土矿物晶格中的同晶置换所产生的电荷。黏土矿物的结构单位是硅氧四面体和铝氧八面体，硅氧四面体的中心离子 Si^{4+} 和铝氧八面体的中心离子 Al^{3+} 能被其他离子所代替，从而使黏土矿物带电荷。如果中心离子被低价阳离子所代替，黏土矿物带负电荷；如果中心离子被高价阳离子所代替，黏土矿物带正电荷。一般情况下是黏土矿物的中心离子被低价阳离子所取代，如 Si^{4+} 被 Al^{3+}、Fe^{3+} 取代，Al^{3+} 被 Mg^{2+}、Fe^{2+} 取代，因而黏土矿物以带负电荷为主。由于同晶置换一般发生在黏土矿物的结晶过程中，存在于品格的内部，这种电荷一旦形成就不会受到外界环境（pH 值、电解质浓度等）的影响，称为永久电荷。

土壤胶体表面电荷的数量和性质会随着介质 pH 值的改变而改变，这些电荷称为可变电荷。可变电荷是因为土壤胶体向土壤中释放离子或吸附离子而产生。如果在某个 pH 值时，黏土矿物表面上既不带正电荷，又不带负电荷，其表面净电荷等于零，此时的 pH 值称为零点电荷（ZPC）。

表面既带负电荷，又带正电荷的土壤胶体称为两性胶体，随溶液土壤反应的变化而变化（如三水铝石、腐殖质等结构中的某些原子团在不同 pH 值条件下的变化）。

可变电荷胶体表面电荷会随介质 pH 值的改变而改变，带电量按电性不同可分为正电荷和负电荷。一般土壤中游离的 Fe、Al 氧化物是产生正电荷的主要物质（酸性条件下解离可带正电荷），高岭石裸露在外的铝氧八面体在酸性条件下的质子化可带正电荷，有机质中 - NH2 基团在酸性条件下的质子化也能带正电荷；同晶置换，含水氧化硅的解离，含水氧化铁和铝在碱性条件下的解离，黏土矿物表面—OH 在碱性条件下的解离，腐殖质功能团中 R—COOOH、R—CH₂—OH、—OH 等的解离产生负电荷。土壤正、负电荷的代数和为净电荷，由于一般情况下土壤带负电荷的数量远大于正电荷的数量，所以大多数土壤带有净负电荷，只有少数含 Fe、Al 氧化物在含量较高的强酸性土壤中才有可能带净正电荷。

（3）凝聚性和分散性

由于胶体的比表面积和表面能都很大，为了减小表面能，土壤胶体具有相互吸引、凝聚的趋势，这就是胶体的凝聚性。但在土壤溶液中，胶体常带负电荷，即具有负的电动电位，所以胶体微粒又因相同电荷而相互排斥。电动电位越高，相互排斥力越强，胶体微粒呈现出的分散性也越强。

溶胶的形成是由于胶体带有相同电荷和胶粒表面水化层的存在，相同电荷胶粒电性相斥，水膜的存在则妨碍胶粒的相互凝聚。影响土壤凝聚性能的主要因素是土壤胶体的电动电位和扩散层厚度。例如当土壤溶液中阳离子增多，由于土壤胶体表面负电荷被中和，从而加强了土壤的凝聚。此外，土壤溶液中电解质浓度、pH 值也将影响其凝聚性能。

由于土壤胶体主要是阴离子胶体，它可在阳离子作用下凝聚。阳离子对带负电荷的土壤胶体的凝聚能力随离子的价数增加、半径增大而增强，常见阳离子凝聚能力大小顺序为 $Fe^{3+} > Al^{3+} > Ca^{2+} > Mg^{2+} > k^+ > NH_4^+ > Na^+$。

电解质引起胶体凝聚的浓度值称为该电解质的凝聚点或凝聚极限。研究表明，二价离子的凝聚能力比一价阳离子的大 25 倍，而三价阳离子的凝聚能力比二价阳离子的大 10 倍。

（二）土壤的配位和螯合作用

土壤中的有机、无机配体能与金属离子发生配位或螯合作用，从而影响金属离子在环境中的迁移、转化等物理化学行为。

土壤中的有机配体主要有腐殖质、蛋白质、多糖类、木质素、多酶类和有机酸等。其中最为重要的是腐殖质，土壤腐殖质具有多种官能团，如氨基（$-NH_2$）、羟基（$-OH$）、羧基（$-COOH$）、羰基（$-C=O$）、硫醚（RSR）等基团。因此，重金属与土壤腐殖质可形成稳定的配合物和螯合物。

土壤中常见的无机配体有 Cl^-、SO_4^{2-}、HCO_3^-、OH^- 等，它们可与金属离子配位形成各种配合物。

金属配合物或螯合物的稳定性与配体或螯合剂、金属离子的种类及其环境条件等有关。土壤有机质对金属离子的配位或螯合能力的顺序为 $Pb^{2+} > Cu^{2+} > Ni^{2+} > Zn^{2+} > Hg^{2+} > Cd^{2+}$。不同配位基与金属离子亲和力的大小顺序为 $-NH_2 > -OH > -COO^- > -C-O$。土壤介质的 pH 值对螯合物的稳定性有较大的影响：pH 值较低时，H+ 与金属离子竞争螯合剂，螯合物的稳定性较差；pH 值较高时，金属离子可形成氢氧化物、磷酸盐或碳酸盐等不溶性化合物。

螯合作用对金属离子迁移的影响取决于所形成螯合物的可溶性。形成的螯合物易溶于水，则有利于金属离子的迁移，反之，有利于金属在土壤中的滞留，降低其活性。

（三）土壤的氧化还原性

土壤中共存有多种有机和无机的还原性和氧化性物质，电子在物质之间的传递引起氧化还原反应，表现为元素价态的变化，因而土壤中的氧化还原反应影响着土壤形成过程中物质的转化、迁移和土壤剖面的发育，控制着土壤元素的形态和有效性，制约着污染物在土壤环境中的形态、迁移、转化和归趋。

土壤溶液中的氧化作用，主要是自由氧、NO_3^- 和高价态金属离子，如铁（Ⅲ）、锰（Ⅳ）、钒（Ⅴ）等所引起的；还原作用是某些有机质分解产物，厌氧性微生物生命活动及少量铁、锰等金属低价氧化物所引起的。氧化态物质和还原态物质的相对比例决定了土壤的氧化还原状态。土壤中物质的氧化态与还原态相互转化过程中浓度发生变化，溶液电位也相应改变。这种由于溶液中氧化态物质和还原态物质的浓度关系变化而产生的电位称为氧化还原电位，用 Eh 表示，单位为伏（V）或者毫伏（mV）。

氧化还原反应中氧化剂（电子接受体）和还原剂（电子给予体）构成了氧化还原体系。土壤中多种氧化还原物质共存，某一物质释放出电子被氧化，伴随着另一物质得到电子被还原。土壤中氧化还原物质可以分为无机体系和有机体系。无机体系中主要有氧体系、铁体系、锰体系、硫体系和氢体系等。有机体系主要包括不同分解程度的有机物、微生物及其代谢产物、根系分泌物、能起氧化还原反应的有机酸、酚、醛和糖类等。

土壤氧化还原能力的大小可用土壤的氧化还原电位（E_h）来衡量，其值主要是以氧化态物质与还原态物质的相对浓度比的大小为依据。由于土壤中氧化态物质与还原态物质的组成十分复杂，因此计算土壤的实际氧化还原电位（E_h）很困难，一般以实际测量的土壤氧化还原电位（E_h）衡量土壤的氧化还原性。一般旱地土壤的氧化还原电位（E_h）为 +400 ～ +700 mV，水田的 E_h 值在 –200 ～ +300 mV，根据土壤的 Eh 值可确定土壤中有机物和无机物可能发生的氧化还原反应和环境化学行为。

土壤氧化还原电位具有非均匀性，即在同一块土壤中的不同位置，Eh 值也不尽相同。如土壤表层是好氧条件，而土壤胶粒内部可能是厌氧环境，因为大气中的氧气需要透过土壤溶液再经扩散才能进入聚集体孔隙中，在数毫米差距之间，氧气可能就有很大的浓度梯度。

影响土壤氧化还原作用的主要因素有：①土壤通气性；②土壤无机物的含量；③易分解有机质的含量；④土壤的 pH 值；⑤植物根系的代谢作用；⑥微生物活动。

（四）土壤的酸碱性

土壤酸碱性是土壤的重要物理化学性质之一，土壤体系复杂，存在着各种化学和生物化学反应，使得土壤表现出不同的酸碱性。土壤的酸碱性与土壤固相组成、微生物活动、有机物分解、营养元素的释放和土壤中元素的迁移、气候、地质、水文等因素有关。

我国土壤的 pH 值大多在 4.5 ～ 8.5 范围内，并有由南向北 pH 值递增的规律，长江（北纬 33°）以南的土壤多为酸性和强酸性，南方的极酸土壤到北方的强碱土壤，pH 值相差很大。华南、西南地区广泛分布的红壤、黄壤，pH 值大多数在 4.5 ～ 5.5 之间，有少数低至 3.6 ～ 3.8；华中、华东地区的红壤，pH 值在 5.5 ～ 6.5 之间；长江以北的土壤多为中性或碱性，如华北、西北的土壤大多含 $CaCO_3$，pH 值在 7.5 ～ 8.5 之间，少数强碱性土壤的 pH 值甚至高达 10.5。

1. 土壤的酸度

根据土壤中 H+ 的存在方式，土壤酸度可以分为活性酸度和潜性酸度两大类。

（1）活性酸度

土壤的活性酸度是土壤溶液中氢离子浓度的直接反映，又称有效酸度，通常用 pH 值表示。土壤溶液中氢离子的主要来源为土壤中 CO_2 溶于水形成的碳酸和有机物质分解产生的有机酸，以及土壤中矿物质氧化产生的无机酸，还有施用肥料中残留的无机酸，如硝酸、硫酸和磷酸等。此外，因大气污染形成的大气酸沉降（H_2SO_4、HNO_3）会使土壤酸化，也是土壤活性酸度的重要来源。

（2）潜性酸度

土壤潜性酸度的来源是土壤胶体吸附的可交换性 H^+ 和 Al^{3+}（包括交换酸和水解酸）。这些致酸离子只有在一定条件下才显酸性，因此，称为潜性酸度。当这些离子处于吸附状态时，不显酸性，但通过离子交换作用进入土壤溶液之后，可增加土壤的 H^+ 浓度，使土壤 pH 值降低。根据测定土壤潜性酸度所用提取液的不同，可以把潜性酸度分为交换性酸度和水解性酸度。

用过量中性盐（如 NaCl、KCl 或 BaCl$_2$）溶液淋洗土壤胶体，溶液中金属离子与土壤中 H$^+$ 和 Al^{3+} 发生离子交换作用，而表现出的酸性称为交换酸。

中性盐浸提的交换反应是一个可逆的阳离子交换平衡，一般不足以把胶粒中吸附的 H$^+$ 全部交换，因土壤矿物质胶体释放出的 H 很少，只有土壤腐殖质中的腐殖酸才可产生较多的 H+。

近代研究结果表明，交换性 Al^{3+} 是矿物质土壤中潜性酸度的主要来源，如红壤的潜性酸度 95% 以上是由交换性 Al^{3+} 产生的。土壤酸度过高，造成铝硅酸盐晶格内铝氧八面体的破裂，使晶格中的 AP$^+$ 释放出来，变成交换性 Al^{3+}。

用弱酸强碱盐类溶液淋洗土壤，溶液中金属离子将土壤胶体吸附的 H$^+$、Al^{3+} 交换出来，而表现出的酸性称为水解酸。同时生成某弱酸，用碱滴定测出的该弱酸的酸度称为水解酸度。

研究结果表明，吸附性铝离子（Al^{3+}）是大多数酸性土壤中潜性酸度的主要来源，而吸附性氢离子（H$^+$）是次要来源。潜性酸度在决定土壤性质上有很大作用，它的改变将影响土壤性质、养分供给和生物的活动。

土壤的活性酸度与潜性酸度是同一个平衡体系中的两种酸度，可以相互转化，而在一定条件下可以处于暂时的平衡状态。在潜性酸和活性酸共存的一个平衡系统中，活性酸可以被胶体吸附成潜性酸，而潜性酸也可被交换生成活性酸。

2. 土壤的碱度

土壤溶液中 OH$^-$ 的主要来源是碳酸根和碳酸氢根的碱金属（Na、K）和碱土金属（Ca、Mg）的盐类。碳酸盐碱度和重碳酸盐碱度的总和称为总碱度。不同溶解度的碳酸盐和重碳酸盐对土壤碱性的贡献不同，CaCO$_2$ 和 MgCO$_3$ 的溶解度很小，故富含 CaCO$_3$ 和 MgCO$_3$ 的石灰性土壤呈弱碱性，对总碱度贡献小；Na$_2$CO$_3$、NaHCO$_3$ 及 Ca（HCO$_3$）$_2$ 等都是水溶性盐类，可以出现在土壤溶液中，对土壤溶液的碱度贡献很大。从土壤 pH 值来看，含 Na$_2$CO$_3$ 的土壤，其 pH 值一般较高，可达 10 以上，而含 NaHCO$_3$ 及 Ca（HCO$_3$）$_2$ 的土壤，其 pH 值常在 7.5 ~ 8.5 之间，碱性较弱。上述碳酸盐和重碳酸盐的水解作用与水中 H 进行交换使土壤显碱性。

当土壤胶体上吸附的 Na$^+$、K$^+$、Mg^{2+}（主要是 Na$^+$）等离子的饱和度增加到一定程度时，会引起交换性阳离子的水解作用。结果在土壤溶液中产生 NaOH，使土壤呈碱性。此时 Na$^+$ 离子饱和度亦称土壤碱化度。胶体上吸附的盐基离子不同，对土壤 pH 值或土壤碱度的影响也不同。

第二节　土壤中的主要污染物

一、无机污染物

①重金属。重金属是指相对密度等于或大于 4.5、原子量大于 55 的金属，通常是指汞（Hg）、镉（Cd）、铅（Pb）、铬（Cr）、砷（As）、铜（Cu）、镍（Ni）等有毒有害物质。由于砷（As）的化学行为与重金属有许多相似之处，所以人们常将其也列为重金属。我国对土壤中重金属污染调查较多的是镉、铅、汞污染。其他元素污染在局部地区有所发现，但面积较小。

②酸、碱、盐、硒、氟、氰化物等。

③化学肥料、污泥、矿渣、粉煤灰等。

④工业三废：包括废气、废渣、污水。

二、有机污染物

①有机农药：如杀虫剂、杀菌剂、除草剂等。

②有机废弃物：矿物油类、表面活性剂、废塑料制品、酚、三氯乙酸（许多化工产品的原料）、有机垃圾等。

③有害微生物：寄生虫、病原菌、病毒等。

三、放射性污染物

存在于土壤本底的放射性元素有 ^{40}K、^{288}Ra、^{14}C 等。原子能工业的废弃物及核爆炸的尘埃可增加土壤中的放射性物质，其中 90 锶和 137 铯等两种放射性元素的半衰期分别为 28 年和 30 年，因而可在土壤中久存和积累。磷肥中含铀系放射性衰变物质对农田也会产生一定程度的污染。

四、土壤营养性污染物

土壤环境的化肥污染：化学肥料不仅通过引入非必要营养物质（如硫酸铵的硫酸根，氯化铵的氯离子等）对土壤、植物产生不良影响，其引入的主要成分和微量成分也给环境带来了不利因素。施入土壤中过量不被植物吸收的化肥，特别是氮肥和磷肥，则迁移进入地下水系统，或者被自然排泄水和暴雨雨水携带进入地表水系统，从而引发一系列的环境问题，主要有硝酸盐污染、水体富营养化以及土壤性质改变等。

第三节　土壤中污染物的迁移转化

一、土壤的污染源

土壤污染源可分为人为污染源和自然污染源。

（一）人为污染源

土壤污染物主要是工业和城市的废水和固体废物、农药和化肥、牲畜排泄物、生物残本及大气沉降物等。污水灌溉或污泥作为肥料使用，常使土壤受到重金属、无机盐、有机物和病原体的污染。工业及城市固体废物任意堆放，引起其中有害物的淋溶、释放，可导致土壤污染。现代农业大量使用农药和化肥，也可造成土壤污染。例如，六六六、滴滴涕等有机氯杀虫剂能在土壤中长期残留，并在生物体内富集；氮、磷等化学肥料，凡未被植物吸收利用和未被根层土壤吸附固定的养分，都在根层以下积累，或转入地下水，成为潜在的环境污染物。禽畜饲养场的厩肥和屠宰场的废物，其性质近似人粪尿，利用这些废物作为肥料，如果不进行适当处理，其中的寄生虫病原菌和病毒等可引起土壤和水体污染。大气中的 SO_2、NO_x，及颗粒物通过干沉降或湿沉降到达地面，引起土壤酸化。

（二）自然污染源

在某些矿床或元素及化合物的富集中心周围，由于矿物的自然分解与风化，往往形成自然扩散带，使附近土壤中某些元素的含量超出一般土壤的含量。

二、氮和磷的污染与迁移转化

氮、磷是植物生长不可缺少的营养元素。农业生产过程中常施用氮、磷化学肥料以增加粮食作物的产量，但过量使用化肥也会影响作物的产量和质量。此外，未被作物吸收利用和被根层土壤吸附固定的养分，都在根层以下积累或转入地下水，成为潜在的环境污染物。

（一）氮污染

农田中过量施用氮肥会影响农业产量和产品的质量，还会间接影响人类健康，同时在经济上也是一种损失。施用过多的氮肥，由于水的沥滤作用，土壤中积累的硝酸盐渗滤并进入地下水；如水中硝酸盐质量浓度超过 4.5 $\mu g/ml$，就不宜饮用。蔬菜和饲料作物等可以积累土壤中的硝酸盐。空气中的细菌可将烹调过的蔬菜中的硝酸盐还原成亚硝酸盐，饲料中的硝酸盐在反刍动物胃里也可被还原成亚硝酸盐。亚硝酸盐能与胺类反应生成亚硝胺类化合物，具有致癌、致畸、致突变的性质，对人类有很大的威胁。硝酸盐和亚硝酸盐进入血液，可将其中的血红蛋白 Fe^{2+} 氧化成 Fe^{3+}，变成氧化血红蛋白，后者不能将其结合的氧分离供给肌体组织，导致组织缺氧，使人和家畜发生急性中毒。此外，农田施用过量的氮肥容易造成地表水的富营养化。

土壤表层中的氮大部分是有机氮，占总氮的 90%。土壤中的无机氮主要有氨氮、亚硝酸盐氮和硝酸盐氮，其中铵盐（NH_4^+）、硝酸盐氮（NO^{3-}）是植物摄取的主要形式。除此以外，土壤中还存在着一些化学性质不稳定、仅以过渡态存在的含氮化合物，如 N_2O、NO、NO_2 及 NH_2OH、HNO_2。

尽管某些植物能直接利用氨基酸，但植物摄取的几乎都是无机氮，说明土壤中氮以有机态来储存，而以无机态被植物所吸收。显然，有机氮与无机氮之间的转换是十分重要的。有机氮转变为无机氮的过程称为矿化过程。无机氮转化为有机氮的过程称为非流动性过程。这两种过程都是微生物作用的结果。研究表明，矿化的氮量与外部条件（如温度、酸度、氧及水的有效量、其他营养盐等）有关。

（二）磷污染

磷是植物生长的必需元素之一。植物摄取磷几乎全部是磷酸根离子。土壤的磷污染很难判断，植物缺锌往往是高磷造成的。

表层土壤中磷酸盐含量可达 200 μg/g，在黏土层中可达 1000 μg/g。土壤中磷酸盐主要以固相存在，其活度与总量无关；土壤对磷酸盐有很强的亲和力。因此，磷污染比氮污染情况要简单，只是在灌溉时才会出现磷过量的问题。另外，土壤中的 Ca^{2+}、Al^{3+}、Fe^{3+} 等容易和磷酸盐生成低溶性化合物，能抑制磷酸盐的活性，即使土壤中含磷量高，但作物仍可能缺磷。由此可见，土壤磷污染对农作物生长影响并不很大，但其中的磷酸盐可随水土流失进入湖泊、水库等，造成水体富营养化。

土壤中的磷包括有机磷及无机磷。有机磷在总磷中所占比例范围较宽，土壤中有机磷的含量与有机质的量成正相关，其含量在顶层土中较高。土壤中有机磷主要是磷酸肌醇酯，也有少量核酸及磷酸类酯。与磷酸盐一样，磷酸肌醇酯能被土壤吸附沉淀。

三、土壤的化学农药污染与迁移转化

化学农药是指能防治植物病虫害，消灭杂草和调节植物生长的化学药剂。换句话说，凡是用来保护农作物及其产品，使之不受或少受害虫、病菌及杂草的危害，促进植物发芽、开花、结果等化学药剂，都称为农药。农药可以通过各种途径，挥发、扩散、移动而转入大气、水体和生物体中，造成其他环境要素的污染，通过食物链对人体产生危害。因此，了解农药在土壤中的迁移转化规律以及土壤对有毒化学农药的净化作用，对于预测其变化趋势及控制土壤的农药污染都具有重大意义。

农药在土壤中保留时间较长。它在土壤中的行为主要受降解、迁移和吸附等作用的影响。降解作用是农药消失的主要途径，是土壤净化功能的重要表现。农药的挥发、径流、

淋溶以及作物的吸收等，也可使农药从土壤转移到其他环境要素中去。

（一）土壤农药化学农药污染

据估计，全世界农业由于病、虫、草三害，每年使粮食损失占总产量的一半左右。使用农药大概可夺回其中的 30%，从防治病虫害和提高农作物产量需要的角度看，使用农药确实取得了显著的效果。目前人类实际上已处于不得不用农药的地步了。但是，由于长期、广泛和大量地使用化学农药，以及生产、运输、储存、废弃等不同环节使化学农药进入环境和生态系统，因而也产生了一些不良后果，主要表现为如下一些方面。

①有机氯农药不仅对害虫有杀伤毒害作用，同时对害虫的"天敌"及传粉昆虫等益虫、益鸟也有杀伤作用，草原地区使用剧毒杀鼠剂时，也造成鼠类的天敌猫头鹰、黄鼠狼及蛇大量死亡。因而破坏了自然界的生态平衡。

②长期使用同类型农药，使害虫产生了抗药性，因而增加了农药的用量和防治次数，加大了污染，也大大增加了防治费用和成本。

③长期大量使用农药，由于有些农药难降解，残留期可达几十年，甚至更长，使农药在环境中逐渐积累，尤其是在土壤环境中，产生了农药污染环境问题。

农药污染及其产生的危害是严重的，尤其对大气、土壤和水体的污染。农药对环境质量的影响与破坏，特别是对地下水的污染问题已引起广泛重视。农药污染的生态效应十分深远，特别是那些具有生物难降解和高蓄积性的农药，污染危害更为严重。它们在环境中化学性质稳定，容易蓄积在鱼类、鸟类和其他生物体内，并通过食物链进入人体，其中有些物质具有致癌、致畸和致突变性，对人类和环境构成更大的威胁。因此，研究和了解化学农药在土壤中的迁移转化、残留、土壤对农药的净化，对控制和预测土壤农药污染都具有重要意义。

（二）化学农药在土壤中的降解

化学农药对于防治病虫害、提高作物产量等方面无疑起了很大的作用。但化学农药作为人工合成的有机物，具有稳定性强，不易分解，能在环境中长期存在，并在土壤和生物体内积累而产生危害。

DDT 是一种人工合成的高效广谱有机氯杀虫剂，曾广泛用于农业、畜牧业、林业及卫生保健事业。过去人们一直认为 DDT 之类有机氯农药是低毒安全的，后来发现它的理化性质稳定，在自然界中可以长期残留，在环境中能通过食物链大大浓集，进入生物机体后，因其脂溶性强，可长期在脂肪组织中蓄积。因此，DDT 已被包括我国在内的许多国家禁用，但目前环境中仍还有相当大的残留量。然而不论化学农药的稳定性有多强，作为有机化合物，终究会在物理、化学和生物各种因素作用下逐步地被分解，转化为小分子或简单化合物，甚至形成 H_2O、CO_2、N_2、Cl_2 等而消失。化学农药逐步分解转化为无机物的这一过程，称为农药的降解。化学农药在土壤中降解的机理包括：光化学降解、化学降解和微生物降解等。各类降解反应可以单独发生。也可以同时发生，相互影响。

不同结构的化学农药，在土壤中降解速度快慢不同，速度快者，仅需几小时至几天即可完成，速度缓慢者，则需数年乃至更长的时间方可完成。化学农药在土壤中的降解常常要经历一系列中间过程，形成一些中间产物，中间产物的组成、结构、理化性质和生物活性与母体往往有很大差异，这些中间产物也可对环境产生危害。因此，深入研究和了解化学农药的降解作用是非常重要的。

（三）化学农药在土壤环境中的残留

土壤中化学农药虽经挥发、淋溶、降解以及作物吸收等而逐渐消失，但仍有一部分残留在土壤中。农药对土壤的污染程度反映在它的残留性上，故人们对农药在土壤中的残留量和残留期比较关心。农药在土壤中的残留性主要与其理化性质、药剂用量、植被以及土壤类型、结构、酸碱度、含水量、金属离子及有机质含量、微生物种类、数量等有关。农药对农田的污染程度还与人为耕作制度等有关，复种指数较高的农田土壤，由于用药较多，农药污染往往比较严重。土壤中农药的残留量受到挥发、淋溶、吸附及生物、化学降解等诸多因素的影响。

农药在土壤中的残留期，与它们的化学性质和分解的难易程度有关。一般用以说明农药残留持续性的标志是农药在土壤中的半衰期和残留期。半衰期指农药施入土壤中残留农药消失一半的时间。而残留期指消失 75% ~ 100% 所需时间。

农药残留期还与土壤性质有关，如土壤的矿物质组成、有机质含量、土壤的酸碱度、氧化还原状况、湿度和温度以及种植的作物种类和耕作情况等均可影响农药的残留期。

土壤中农药最初由于挥发、淋溶等物理作用而消失，然后农药与土壤的固体、液体、气体及微生物发生一系列化学、物理化学及生物化学作用，特别是土壤微生物对其的分解，农药的消失速度较前阶段慢。环境和植保工作者对农药在土壤中残留时间长短的要求不同。从环境保护的角度看，各种化学农药的残留期越短越好，以免造成环境污染，进而通过食物链危害人体健康。但从植物保护角度，如果残留期太短，就难以达到理想的杀虫、治病、灭草的效果。因此，对于农药残留期问题的评价，要从防止污染和提高药效两方面考虑。最理想的农药应为：毒性保持的时间长到足以控制其目标生物，而又衰退得足够快，以致对非目标生物无持续影响，并不使环境遭受污染。

第四节　土壤环境化学的新进展

一、目前关注的土壤环境问题

（一）土壤环境污染状况调查

我国已对全国土壤元素背景值做过全面调查，但对土壤中种类繁多的有机污染物，特别是 PAH、PCBs 等持久性有机污染物的背景状况尚未做全面系统的调查。土壤中持久性有机污染物的浓度水平、来源、环境行为及影响因素、区域环境过程及其生态效应是当前研究的热点之一。

（二）土壤中重金属存在形态及其转化过程

土壤中重金属形态及其转化的影响因素研究对控制生物有效性具有重要意义。迄今，尚无较好的形态分析方法可用于重金属形态与生物有效性关系的研究，急需发展专属提取剂和分析技术来区分和估计微量重金属的不同存在形态。

（三）土壤中有机污染物的降解

近十多年来，主要围绕优先控制污染物，特别是持久性有机污染物的土壤环境行为的研究，为土壤污染控制及修复、环境质量标准的制定提供科学依据。建立土壤中化学物质生物降解的动力学模式，对有毒化学品的风险评价、环境标准的制定以及污染事故的处理，都有重要的参考价值。这方面的研究工作，我国已经起步。土壤中结合态农药占施用量的 20% ~ 70%，目前对这种结合态残留物的生物有效性及其环境影响了解还比较少。近十年来，发现吸附态农药可在表层和深层土壤剖面上同时检出，认为这些农药可能被吸附在移动的可溶性有机组分上，以溶质的形式迁移这种组分和农药的相互作用也是当前关注的课题之一。

二、最新研究进展

（一）土壤环境污染状况调查

20 世纪 90 年代以后，我国学者重点研究了单甲脒、乙草胺、丁草胺、吡虫啉等农药的环境化学行为和生物生态效应。初步研究探明土壤中 PAH 主要来自大气沉降、污水灌溉等，表面活性剂对土壤中 PAH 等有机污染物的迁移转化及生物态效应有重要影响。

（二）土壤复合污染指标体系

当前，各种土壤环境质量标准和污染土壤修复标准的制定，都是基于单一污染研究所获得的结果。复合污染更为接近土壤污染的实际。我国学者近年来陆续提出了"污染程度综合指标""复合污染指数""联合毒性指标"等定量概念，对于复合污染生态效应的定量表征进行了较系统地理论探讨。

（三）土壤中温室气体的释放

据统计，释放到大气中 CO_2 的 5% ~ 20%，CH_4 的 30%，N_2O 的 80% ~ 90% 来自土壤。土壤还能通过微生物的作用净化吸收大气中的 CO_2。氮肥施用量的 0.5% ~ 2% 以 N_2O 形态释放到大气中。

近年来，阿拉斯加冻土带部分表土解冻，土壤中的好氧微生物使大量土壤中有机物分解，造成该地区上空 CO_2 浓度增高。研究表明，每 m^2 冻土带表土每年平均向大气中释放 $100\,g\,CO_2$ 气体。

（四）土壤中有机污染物的降解

在特定化学物质降解的专性菌种的分离、鉴定及降解特性，降解产物的分离和鉴定，化学物质生物降解和代谢过程分类，化学结构与生物可降解性之间关系等方面的研究工作均取得一些进展。

第五章　现代生物环境化学原理

自然界的生物千千万万，迄今为止，科学家在地球上已经发现和命名的生物有 170 多万种，无论哪种生物——细菌、动物或植物，其都是自然界中的一部分，即影响着自然环境，也受到自然环境的影响，因此自然界的污染也与其密切相关。本章主要以现代生物环境化学原理作为核心内容进行简要阐述。

第一节　生物的组成与分类

一、生物的组成

（一）细胞是生物的基本结构单元

细胞并没有一个绝对性的定义，使用较为广泛的说法是生物体基本的结构和功能单位。除病毒之外的所有生物均由细胞所组成，但病毒生命活动也必须在细胞中才能体现。当然，我们也可以理解为，细胞是一切生物体构造和功能的共同基础，细胞是生命的最小单位。最简单的生物是单细胞生物，如某些单细胞细菌、真菌及藻类和原生动物。

细菌是指生物的主要类群之一，属于细菌域。细菌（包括球菌、杆菌、螺旋菌）的基本构造包括细胞壁、细胞质膜、细胞质和细胞核。细胞质膜是半透性生物膜，具有选择性吸收作用，控制着体内和体外物质的交换。细胞质即原生质，主要由蛋白质和核酸组成。细胞质中有酶系统（即生物催化剂），依靠酶的作用，细菌不断地进行着新陈代谢活动。

真菌是一种真核生物。最常见的真菌是各类蕈类，另外真菌也包括霉菌和酵母。现在已经发现了七万多种真菌，估计只是所有存在的一小半。大多真菌原先被分入动物或植物，现在成为自己的界，分为四门。可以说，真菌是类似植物，但缺乏叶绿素的生物，有单细胞和多细胞两种。前者细胞呈圆形或椭圆形，后者细胞为丝状，分支交织成团，统称霉菌。真菌的细胞大，具有明显的细胞核，而细菌的细胞小，无明显的细胞核。在废水处理中常见的真菌有酵母菌和霉菌，其数量没有细菌和原生动物多。但在生物滤池中真菌起着重要的作用。

藻类是原生生物界一类真核生物（有些也为原核生物，如蓝藻门的藻类）。其主要生长在水中，无维管束，能进行光合作用。体型大小各异，小至长 1 微米的单细胞的鞭毛藻，大至长达 60 公尺的大型褐藻。藻类构造简单，没有根、茎、叶的分化，分单细胞、多细胞两种。藻类体内有叶绿素或其他辅助色素，能进行光合作用。在废水处理中常见的藻类有蓝藻、绿藻、硅藻三大类。

原生动物是一类缺少真正细胞壁，细胞通常无色，具有运动能力，并进行吞噬营养的单细胞真核生物。它们个体微小，大多数都需要显微镜才能看见。原生动物分布广，生活于淡水、海水及潮湿的土壤中，也有不少种类营寄生生活，是原生生物界中较为接近动物的一类真核单细胞生物。原生动物形体微小，最小的只有2～3微米，一般多在10～200微米，除海洋有孔虫个别种类可达10厘米外，最大的约2毫米；原生动物生活领域十分广阔，可生活于海水及淡水内，底栖或浮游，但也有不少生活在土壤中或寄生在其它动物体内。原生动物一般以有性和无性两种世代相互交替的方法进行生殖。它仅仅具有一个细胞就可以完成全部生理活动，最直接的是草履虫。和其他动物的最大区别就是没有任何的组织和结构可言（因为只有一个细胞）。它们的生理活动就是细胞膜凹陷产生一个空腔纳入食物，消化之后再由细胞膜产生一个球体排除排泄物。每次分裂就是产生两个独立的个体。

在生化法处理废水中，除了有单细胞的原生动物在起作用外，还有多细胞的后生动物，主要有轮虫和线虫。

（二）生物的物质组成

生物是由细胞构成的，而细胞是由许许多多无生命的化学物质（如糖类、蛋白质、脂肪、核酸、酶、维生素激素、水、无机盐等）组成的相互影响的复杂系统。这是无生命与有生命的分界线。因此，生物的物质组成可分为无机物和有机物两大类。不同的生物其物质组成的种类大致相同，但是，不同生物的各种组成物质之间的含量比例，以及不同细胞间各种组成物质之间的含量比例是千差万别的。

（三）生物的元素组成

各种各样的生物体内的元素组成虽然有差别，但是有许多元素组成是相同的。生物体内的元素组成主要有：C、H、O、N、S、P、Cl、Ca、Na、K、Mg、Fe，以及Cu、Zn、Co、I、F、Se、Si、B、Mn、Cr、Sn、V、Ni、Mo等。但是，据分析，生物体内所含元素种类多达60～70种以上，其含量与地壳中这些元素的平均含量相近，说明人类及其他动物是从生长在土壤环境中的植物中摄取这些化学元素的。当然，这并不是说这些元素都是生物体生长发育的必需元素。现在已知的植物生长发育的必需营养元素只有17种（C、H、O、N、P、K、Ca、Mg、S、Fe、B、Mn、Cu、Zn、Mo、Co、Cl等）。人体内必需的宏量元素为11种（C、H、O、N、P、K、Ca、Mg、S、Cl、Na等），必需的微量元素为14种（Fe、Cu、Zn、Mn、Co、F、I、Mo、Cr、Sc、Ni、Si、Se、Sn等）。

此外，生物体内各元素离子之间的量一般保持在正常的比例范围内。如人体体液中Na^+为100，则K^+为3.68，Ca^{2+}为3.10，Mg^{2+}为0.7，Cl^-为129.00。这一比例关系与海水成分相近似。这也是生命起源于海洋的例证。

二、生物的分类

生物学家根据各类生物的基本结构特点，用生物进化的观点对多种多样的生物进行了分类。但随着自然科学的发展，生物的分类系统也在不断地发生新的变化。最初，生物学家把地球上的生物分为植物和动物两大界。后来，有的学者提出了五界系统，即原核生物、原生生物、植物、动物和微生物。其中微生物又分为细菌、真菌和藻类。也有人主张，再增加病毒界，成为六界系统。

生物在长期的历史发展演变过程中，逐渐在代谢方式上形成了不同的类型，以适应不同的外界环境。按照生物体同化作用方式的不同，生物可分为自养型生物和异养型生物两类。

自养型生物：生物体在同化作用过程中，能够直接把从外界环境摄取的无机物转变为自身的组成物质，并储存能量，这种新陈代谢类型的生物叫作自养型生物。例如，各种绿色植物，包括绿色细菌和藻类等。此类型生物能在外来能量的帮助下，以无机物二氧化碳为碳源，由 CO_2、H_2O、NH_3、H_2S 等合成有机物，而不能直接利用有机化合物中的碳素营养。根据能量来源的不同，又分为光能营养和化学能营养两类。

光能营养型生物，如绿色植物、绿色细菌、藻类等，它们含有光合色素，能进行光合作用。例如，绿色硫细菌能进行光合作用，同化 CO_2 而获得碳素营养（但同时要有 H_2S 存在）。

而藻类和高等绿色植物一样，都能进行光合作用（必须同时有水的存在）。

化学能营养型生物，如亚硝酸细菌、铁细菌，某些不含光合色素的硫细菌等，它们能氧化一些无机化合物，并利用氧化过程产生的化学能，还原二氧化碳，合成含碳有机物。如亚硝酸细菌可促进下列变化：

$$2NH_3+2O_2 \rightarrow 2HNO_2+4H^+ \text{ 能量}$$

$$CO_2+4H^+ \text{ 能量} \rightarrow [CH_2O]+H_2O$$

异养型生物：生物体在同化作用的过程中，不能直接利用无机物制成有机物，只能把从外界摄取的现成的有机物转变成为自身的组成物质，并储存了能量，这种新陈代谢类型的生物，叫作异养型生物。例如各种动物和绝大多数的细菌和一切真菌都属于这一类。人类的新陈代谢也是属于异养型的。

按照生物体异化作用方式的不同，生物新陈代谢的基本类型可以分为需氧型（有氧呼吸型）、厌氧型（无氧呼吸型）和兼氧型三种。

厌氧型生物：厌氧型生物体在异化作用的过程中，在缺氧的条件下，使有机物分解，以获得进行生命活动所需要的能量。厌氧型生物包括动物体内的寄生虫，以及乳酸菌、酵母菌、甲烷细菌、反硝化细菌等。厌氧型生物的一个主要特征是，在有氧存在时，其新陈代谢过程就会受到抑制。

需氧型生物：需氧型生物体在异化作用的过程中，必须不断地从外界环境中摄取氧来进行氧化分解自身的组成物质，以释放能量，并排出 CO_2。需氧型生物包括了绝大多数的生物，如各种动植物多属于这一类。耗氧性细菌如硝化细菌、亚硝化细菌等都属于这一类。

兼氧型生物：兼氧型生物体在异化作用的过程中，在有氧或缺氧的条件下，均可以进行正常分解代谢。

第二节　污染物在生物体内的迁移转化

一、生物污染和生物污染的主要途径

（一）关于生物污染的含义

生物污染本身具有两种含义。

其一是指对人和生物有害的微生物、寄生虫、病原体和变应原等污染水体、大气、土壤和食品，影响生物产量和质量，危害人类健康，这种污染称为生物污染。它是根据污染物的性质而进行分类的。

其二是指大气、水环境以及土壤环境中各种各样的污染物质，包括施入土壤中的农药等，通过生物的表面附着、生物吸收以及表皮渗透等方式进入生物机体内，并通过食物链最终影响到人体健康。

把污染环境的某些物质在生物体内积累至数量超过其正常含量，足以影响人体健康或动植物正常生长发育的现象称为生物污染。第二种含义则是根据被污染对象的类型来进行分类的。对生物体来讲，有些物质是有害或有毒的，有些物质则是无害甚至是有益的，但是大多数物质在其被超常量摄入时对生物体都是有害的。

（二）植物受污染的主要途径

1. 表面附着

表面附着是指污染物以物理方式黏附在植物的表面的现象。例如，散逸到大气中的各种气态污染物、施用农药、大气中的粉尘降落及含大气污染物的降水等，会有一部分粘附在植物的表面上，造成对植物的污染和危害。表面附着量的大小与植物的表面积大小、表面形状、表面性质及污染物的性质、状态等有关。表面积大、表面粗糙、有绒毛的植物，其附着量较大，粘度大，粉状污染物在植物上的附着量亦较大。

2. 植物吸收

植物对大气、水体和土壤中污染物的吸收可分为主动吸收和被动吸收两种方式。

所谓主动吸收即代谢吸收，是指植物细胞利用其特有的代谢作用所产生的能量而进行的吸收作用。细胞利用这种吸收能把浓度差逆向的外界物质引入细胞内。例如，植物叶面的气孔能不断地吸收空气中极微量的氟等，吸收的氟随蒸腾流转移到叶尖和叶缘，并在那里积累至一定浓度后造成植物组织的坏死。植物通过根系从土壤或水体中吸收营养物质和水分的同时亦吸收污染物，其吸收量的大小与污染物的性质及含量、土壤性质和植物品种等因素有关。例如，用含镉污水灌溉水稻，水稻将从根部吸收镉，并在水稻的各个部位积累，造成水稻的镉污染。主动吸收可使污染物在植物体得到成百倍、千倍甚至数万倍的浓缩。

所谓被动吸收即物理吸收，这种吸收依靠外液与原生质的浓度差，通过溶质的扩散作用而实现吸收过程，其吸收量的大小与污染物性质及含量大小，以及植物与污染物接触时间的长短等因素有关。

总之，植物对污染物的吸收是一个复杂的综合过程。其根部对污染物的吸收主要受到土壤 pH 值、污染物浓度以及环境理化性质的影响，而暴露于空气中的植物的地上部分对污染物的摄取，主要取决于污染物的蒸汽压。

（三）动物受污染的主要途径

1. 呼吸吸收过程

呼吸吸收主要是针对一些高等动物而言的，对于采用皮肤吸收的低等动物，并没有污染物皮肤吸收和呼吸吸收的差别。

动物在呼吸空气的同时将毫无选择地吸收来自空气中的气态污染物及悬浮颗粒物，呼吸道吸收的污染物，通过肺泡直接进入动物体内大循环；经皮肤吸收的污染物可直接进入血液循环；另外，由呼吸道吸入并沉积在呼吸道表面上的有害物质，也可以咽到消化道，再被吸收进入肌体。

2. 皮肤吸收过程

由于污染物在大气、水、土壤中的广泛存在，皮肤经常与许多外来污染物接触。作为机体防止外来侵袭的第一道屏障，动物皮肤通常对污染物的通透性较差，可以在一定程度上防止污染物的吸收。但是不同动物皮肤的屏障差异较大，腔肠动物、节肢动物、两栖动物等低等种类的表皮细胞防止外源污染物侵袭能力较低，污染物渗透体表后可以直接进入体液或组织细胞。皮肤吸收对于哺乳类动物来说则相对太难，污染物必须经过角质层、基底层和真皮才能进入全身循环。即使如此，仍有部分污染物可以通过皮肤渗透到体内。例如，四氯化碳及部分有机磷农药即可通过皮肤吸收而引起全身中毒；叠氮化钠等致癌物可以通过角质层而引起皮肤细胞病变。

对高等动物来说，污染物进入人体内必须首先通过角质层，其主要机理是简单扩散。扩散速率取决于角质层厚度、外源物质化学性质与浓度等因素。对于非极性污染物，脂溶性越高，相对分子质量越小越有利于污染物穿透脂质双分子层；而极性物质一般通过角蛋白纤维渗透。但有的污染物具有破坏皮肤屏障作用的能力，使皮肤通透性增加，如酸、碱、二甲基亚砜等。

透过角质层后，污染物面临的第二道屏障是真皮。真皮结构较为疏松，其防御能力远低于表皮，但是由于血浆水是水溶性液体，因此脂溶性大、容易透过表皮的物质却不容易透过真皮而被阻隔于皮肤之外。通常认为脂水分配系数为 1 左右的污染物最容易通过体表吸收而进入血液。

3. 摄食吸收过程

摄食吸收是污染物进入动物体内的最主要途径，许多污染物随同消化作用被动物吸收。在构成高等动物消化道的不同器官中，口腔黏膜可以吸收部分污染物，但与胃肠道相比，其吸收量极少。胃是许多污染物进入动物体内的场所，其吸收能力因污染物的化学性质的不同而不同；有机酸多以分子形态存在，易于扩散和吸收；而有机碱则一般不易吸收。与动物吸收营养物质的情况类似，小肠是污染物进入动物体内的主要场所；在小肠中有机碱比有机酸更容易吸收，但由于小肠表面积巨大，它对有机酸的吸收也相当可观；此外颗粒物质还能被包裹成一个泡囊被小肠上皮吸收进入细胞质。

动物体对污染物的排泄作用主要通过肾脏、消化道和呼吸道，也有少量随汗液、乳汁、唾液等分泌液排出，还有的在皮肤的新陈代谢过程中到达毛发而离开肌体。有毒物质在排泄过程中，可在排出器官处造成继发性损害，成为中毒表现的一部分。另外，当有毒物质在体内某器官处的蓄积超过某一限度时，则会给该器官造成损害，出现中毒表现。

二、环境污染物在生物体内的分布

（一）污染物在植物体内的分布

许多污染物质都是通过土壤—植物系统进入生态系统的。由于污染物质在生物链中的累积直接或间接地对陆生生物造成影响，因而植物对污染物质的吸收被认为是污染物在食物链中的累积并危害陆生动物的第一步。

植物吸收污染物后，其污染物在植物体内的分布与植物种类、吸收污染物的途径等因素有关。

植物从大气中吸收污染物后，污染物在植物体内的残留量常以叶分部最多。例如，在含氟的大气环境中种植的番茄、茄子、黄瓜、菠菜、青萝卜、胡萝卜等蔬菜体内氟含量分布符合此规律。

植物从土壤和水体中吸收污染物，其残留量的一般分布规律是：根＞茎＞叶＞穗＞壳＞种子。例如，在被镉污染的土壤中种植的水稻，其根部的镉含量远大于其他部分。

（二）污染物在动物体内的分布

1. 吸收

污染物质进入人体被吸收后，一般通过血液循序输送到全身，血液循环把污染物质输送到各个器官，如肝脏、肾等，对这些器官产生毒害作用；也有如砷化氢气体引起的溶血作用，在血液中就可以发生。污染物质的分布情况取决于污染物与机体不同部位的亲和性，以及污染物质通过细胞膜的能力。脂溶性物质易于通过细胞膜，此时，经膜通透性对其分布影响不大，组织血液速度是分布的限制因素。污染物质常与血液中的血浆蛋白结合，这种结合呈现可逆性，结合与离解处于动态平衡。只有未与蛋白结合的污染物质才能在体内组织进行分布。因此与蛋白结合率不高的污染物在低浓度下几乎全部不与蛋白结合，会存留于血浆中。但当其浓度达到一定水平，未被结合的污染物剧增，快速向机体组织转运，组织中该污染物质明显增加。而与蛋白结合率低的污染物质随浓度增加，血液中未被结合的污染物质也逐渐增加，故对污染物质在体内分布的影响不大。由于亲和力不同，污染物质与血浆蛋白的结合受到其他污染物质及机体内源性代谢物质置换竞争的影响，该影响显著时，会使污染物质在机体内的分布有较大的改变。

血脑屏障特别值得一提，因为它是阻止已进入人体的有毒污染物质深入到中枢神经系统的屏障。与一般的器官组织不同，中枢神经系统的毛细血管管壁内皮细胞互相紧密相连、几乎没有空隙。当污染物质由血液进入脑部时，必须穿过这一血脑屏障。此时污染物质的经膜通透性称为其转运的限速因素。高脂溶性低离解度的污染物质经膜通透性好，容易通过血脑屏障，由血液进入脑部，而非脂溶性污染物质很难入脑。因此，对于一些损害人体其他部位的有毒害物质，中枢神经系统能够局部地得到特殊的保护。

2. 排泄

排泄的器官有肾、肝胆、肠、肺、外分泌腺等。对有毒污染物质的排泄主要的途径是肾脏泌尿系统和肝胆系统。肺系统也能排泄气态和挥发性有毒害的污染物质。

肾排泄是使污染物质通过肾随尿排出的过程。肾小球毛细血管壁有许多较大的膜孔，大部分污染物质都能从肾小球滤过；但是相对分子质量过大的或与血浆蛋白结合的污染物质不能滤过，能留在血液中。一般来说，肾排泄是污染物质的一个主要排泄途径。

污染物质的另一个重要排泄途径，是肝胆系统的胆汁排泄。胆汁排泄是指主要由消化道及其他途径吸收的污染物质，经血液到达肝脏后，以原物或其代谢产物与胆汁仪器分泌到十二指肠，经小肠至大肠内，再排出体外的过程。一般相对分子质量在300以上，分子中具有强极性基团的化合物，即水溶性好，脂溶性小的化合物，胆汁排泄良好。

3. 污染物在动物体内的分布

污染物质被动物体吸收后，借助动物体的血液循环和淋巴系统作用在动物体内进行分布，并发生危害。污染物质在动物体内的分布与污染物的性质及进入动物组织的类型有关，其分布大体有以下五种分布规律。

①能溶解于体液的物质，如钠、钾、锂、氟、氯、溴等离子，在体内分布比较均匀。

②镧、锑、钍等三价和四价阳离子，水解后生成胶体，主要蓄积于肝和其他网状内皮系统。

③与骨骼亲和性较强的物质，如铅、钙、钡、锶、镭、铍等二价阳离子在骨骼中含量极高。

④对某种器官具有特殊亲和性的物质，则在该种器官中积累较多。如碘对甲状腺、汞对肾脏有特殊亲和性，因此，碘在甲状腺中积贮较多，汞在肾脏中积贮较多。

⑤脂溶性物质，如有机氯化合物（DDT、六六六等），主要积累于动物体内的脂肪中。

以上五种分布类型之间彼此交叉，比较复杂。往往一种污染物对某一种器官有特殊亲和作用，但同时也分布于其他器官。例如，铅离子除分布在骨骼中外，也分布于肝、肾中；砷除分布于肾、肝、骨骼外，也分布于皮肤、毛发、指甲中。另外，同一种元素可能因其价态或存在形态不同而在体内蓄积的部位也有所不同。例如，水溶性汞离子很少进入脑组织，但烷基汞呈脂溶性，能通过脑屏障进入脑组织。再如进入体内的四乙基铅，最初在脑、肝中分布较多，但经分解转变成为无机铅后，则铅主要分布在骨骼、肝、肾中。

总之，污染物质在动物体内的分布是一个复杂的过程。污染物质在动物体内的分布直接影响着污染物质对动物的毒害作用。

三、污染物质的生物富集、放大和累积

（一）生物富集

许多污染物在生物体内的浓度远远大于其在环境中的浓度，并且只要环境中这种污染物继续存在，生物体内污染物的浓度就会随着生长发育时间的延长而增加。对于一个受污染的生态系统而言，处于不同营养级上的生物体内的污染物浓度，不仅高于环境中污染物的浓度，而且具有明显的随营养级升高而增加的现象。

生物个体或处于同一营养级的许多生物种群，从周围环境中吸收并积累某种元素或难分解的化合物，导致生物体内该物质的平衡浓度超过环境中浓度的现象，叫生物富集，又叫生物浓缩。

污染物如要沿着食物链的积累，需满足以下三个条件。

①污染物在环境中必须是比较稳定的。

②污染物必须是生物能够吸收的。

③污染物在生物代谢过程中不易被分解。

目前最典型的还是DDT在生态系统中的转移和积累。生物富集用生物浓缩系数表示，即生物机体内某种物质的浓度和环境中该物质浓度的比值。

生物浓缩系数可以是个位到万位，甚至更高。影响生物浓缩系数的主要因素是物质本身的性质以及生物和环境等因素。物质性质方面的主要影响因素是降解性、脂溶性和水溶性。一般降解性小、脂溶性高、水溶性低的物质，生物浓缩系数高；反之，则低。例如，虹鳟对 2，2′，4，4′-四氯联苯的浓缩系数为 12 400，而对四氯化碳的浓缩系数是 17.7。在生物特征方面的影响因素有生物种类、大小、性别、器官、生物发育阶段等，如金枪鱼和海绵对铜的浓缩系数，分别是 100 和 1400。在环境条件方面的影响因素包括温度、盐度、水硬度、pH 值、含氧量和光照状况等。例如，翻车鱼对多氯联苯浓缩系数在水温 5℃时为 6.0×10^3，而在 15℃时为 5.0×10^4，水温升高，相差显著。一般重金属元素和许多氯化碳氢化合物、稠环、杂环等有机化合物具有很高的生物浓缩系数。

生物富集作用的研究，在阐明物质在生态系统内的迁移和转化规律、评价和预测污染物进入生物体后可能造成的危害，以及利用生物体对环境进行监测和净化等方面，具有重要的意义。

（二）生物放大

生物放大是指在同一个食物链上，高位营养级生物体内来自环境的某些元素或难以分解的化合物的浓度，高于低位营养级生物的现象。在生态环境中，由于食物链的关系，一些物质如金属元素或有机物质，可以在不同的生物体内经吸收后逐级传递，不断积聚浓缩；或者某些物质在环境中的起始浓度不很高，通过食物链的逐级传递，使浓度逐步提高，最后形成了生物富集或生物放大作用。例如，海水中汞的质量浓度为 0.000 1mg/L 时，浮游生物体内含汞量可达 0.001 ~ 0.002 mg/，小鱼体内可达 0.2 ~ 0.5 mg/，而大鱼体内可达 1 ~ 5 mg/，大鱼体内汞比海水含汞量高 1 万 ~ 6 万倍。生物放大作用可使环境中低浓度的物质，在最后一级体内的含量提高几十倍甚至成千上万倍，因而可能对人和环境造成较大的危害。DDT 等杀虫剂通过食物链的逐步浓缩，能充分说明它们对人类健康的危害。1962 年，美国的雷切尔·卡逊在其《寂静的春天》中充分描述了以 DDT 为代表的杀虫剂对环境、生物和人类健康的危害，甚至连美国的国鸟白头海雕也因杀虫剂的使用而几乎灭绝。但是，DDT 的生物放大危害作用并没有得到充分揭示。

一项研究结果表明，DDT 在海水中的浓度为 5.0×10^{-11} g/L，而在浮游植物中则为 4.0×10^{-8} g/L，在蛤蜊中为 4.2×10^{-7} g，到达银鸥体内时就达 75.5×10^{-6} g/。DDT 从初始浓度到食物链最后一级的浓度扩大了百万倍，这就是典型的生物扩大作用。

中国科学院水生生物研究所的研究人员还发现，我国典型湖泊底泥中 19 世纪早期已存在微量二噁英，主要存在土壤的表层，一旦沉积，很难通过环境物理因素再转移，但却可通过食物链再传给其他生物，转移到环境中。因此，湖泊底泥中高浓度的二噁英可通过生物富集或生物放大对水生物和人类的健康产生极大威胁。通过实验还发现了二噁英在食物链中生物放大的直接证据，并提出了生物放大模型，从而否定了国际学术界过去一直认为二噁英在食物链中只存在生物积累而不存在生物放大的观点。

由于生物放大作用，杀虫剂及其他有害物质对人和生物的危害就变得十分惊人。一些毒素在身体组织中累积，不能变性或不能代谢，这就导致杀虫剂在食物链中每向上传递一级，浓度就会增加，而顶级取食者会遭受最高剂量的危害。

（三）生物积累

生物积累是指生物从周围环境（水、土壤、大气）中和食物链蓄积某些元素或难分解的化合物，使其在机体中的浓度超过周围环境中浓度的现象。生物放大和生物富集都是生物积累的一种方式。生物积累的程度也可用浓缩系数表示。浓缩系数与生物体特性、营养等级、食物类型、发育阶段、接触时间、化合物的性质及浓度有关。通常，化学性质稳定的脂溶性有机污染物（如 DDT\PCBs 等）很容易在生物体内积累。有人研究牡蛎在 50

μg/L 的氯化汞溶液中对汞的积累，观察到第 7 天，牡蛎（按鲜重每公斤计）体内汞的含量达 25 mg，浓缩系数为 500；第 14 天达 35 mg，浓缩系数为 700；第 19 天达 40 mg，浓缩系数为 800；到第 42 天增加到 60 mg，浓缩系数增为 1200。此例说明，在代谢活跃期内的生物积累过程中，浓缩系数是不断增加的。鱼体中农药残毒的积累同鱼的年龄和脂肪含量有关，农药的残留量随着鱼体的长大而增加。在许多情况下，生物个体的大小同积累量的关系，比该生物所处的营养等级的高低，更为重要。

生物机体对化学性质稳定的物质的积累性可作为环境监测的一种指标，用以评价污染物对环境的影响，研究污染物在环境中的迁移转化规律。对某种特定元素来说，某些生物种类比同一环境中的其他种类有特别强的积累能力，常被称为"积累者生物"。例如，褐藻能大量积累锶，地衣能积累铅，水生的蓼属植物能积累 DDT。这些生物可以作为指示生物，甚至可以作为重金属污染的生物学处理手段。因此，对生物积累的研究，具有重要的理论和实践意义。至于生物积累的机理，尚有待深入研究。

综上所述，生物积累、生物放大和生物富集可在不同侧面为探讨环境中污染物质的迁移、排放标准和可能造成的危害，以及利用生物对环境进行监测和净化，提供重要的科学依据。

四、污染物质的生物转化

（一）自然环境中微生物的研究

环境微生物学研究自然环境中的微生物群落、结构、功能与动态，研究微生物在不同生态系统中的物质转化和能量流动过程中的作用与机理，同时可以调查自然环境中的微生物资源，为保存和开发有益微生物和控制有害微生物提供科学依据，使微生物在生态系统中发挥更好的作用，为人类认识自然，保护自然，与自然和谐共存、和谐发展，提供微生物学依据。

（二）微生物的生长规律

微生物的生长规律可以用生长曲线表现出来。细菌的繁殖一般以裂殖法进行。在增殖培养中，细菌和单细胞藻类个体数的多少是时间的函数。从微生物生长曲线可以看出，随着时间的不同，微生物的繁殖速度也不同。微生物的生长曲线大致可以分为四个阶段，即停滞期、对数增长期、静止期和内源呼吸期。

1. 静止期

当微生物的生长遇到限值因素时，对数期终止，静止期开始。在静止期中，微生物的总数达到最大值，微生物的增殖速率和死亡率达到一个动态平衡。静止期可以持续很长时间，也可以时间很短。

2. 停滞期

停滞期几乎没有微生物的繁殖，是因为微生物必须适应新的环境。在此期间，菌体逐渐增大，不分裂或很少分裂。也有的不适应新的环境而死亡，故微生物的增长速度较慢。

3. 内源呼吸期

这个时期，环境中的食物已经耗尽，代谢产物大量积累，对微生物生长的毒害作用也越来越强，使得微生物的死亡率逐渐大于繁殖率。同时微生物的养料只能依靠菌体内原生质的氧化，来获得生命活动所需的能量，最终导致环境中的微生物总量逐渐减少。

4. 对数增长期

随着微生物对新的环境的适应，且所需营养非常丰富，因此微生物的活力很强，新陈代谢十分旺盛，分裂繁殖速度很快，总菌数以几何级数增加。

根据微生物的生长繁殖规律可以通过不断补充食料，人为地控制微生物的生长周期。例如，控制微生物在对数增长期，微生物对环境中的污染物降解速度快，降解能力强。若控制在静止期，则微生物的生长繁殖对营养及氧的需求量低，微生物对环境中污染物降解彻底，去除率高。

酶是一类由细胞制造和分泌的、以蛋白质为主要成分的、具有催化活性的生物催化剂。其中，在酶催化下发生转化的物质称为底物或基质，底物发生的转化称为酶促反应。

酶催化作用的特点在于：第一，催化专一性高。一种酶只能对一种底物或一类底物起催化作用，而促进一定的反应，生成一定的代谢产物。例如，脲酶仅能催化尿素水解，但对包括结构与尿素非常相似的甲基尿素（$CH_3NHCONH_2$）在内的其他底物均无催化作用；蛋白酶只能催化蛋白质水解，而不能催化淀粉水解；第二，酶催化效率高。例如，蔗糖酶催化蔗糖水解的速率比强酸催化速率高 2×10^{12} 倍；0℃时过氧化氢酶催化过氧化氢的速率高于铁离子催化速率 1×10^{10} 倍。一般，酶催化反应的速率比化学催化剂高 $10^7 \sim 10^{13}$ 倍；第三，酶催化需要温和的外界条件，如常温、常压、接近中性的酸碱度等；化学催化剂在一定条件下会因中毒失去催化能力。酶的本质为蛋白质，比化学催化剂更容易受到外界条件的影响，从而变性失去催化能力，诸如强酸、强碱、高温等激烈的条件都能使酶丧失催化效能。

酶的种类很多，已知的酶有 2×10^3 多种。酶按照成分，分为单成分酶和双成分酶两大类。单成分酶只含蛋白质，如脲酶、蛋白酶。双成分酶除含蛋白质外，还含有非蛋白质部分，前者称酶蛋白，后者称辅基或辅酶。辅酶的成分是金属离子、含金属的有机化合物或小分子的复杂有机化合物。双成分酶催化反应时，辅酶起着传递电子、原子或某些化学基团的功能，酶蛋白起着决定催化专一性和催化高效率的功能。因此，只有双成分酶的整体才具有酶的催化活性，而当酶蛋白与辅酶经分离后各自单独存在时则均失去相应作用。已经发现的辅酶有 30 余种。

（三）耗氧有机污染物质的微生物降解

耗氧有机污染物质是生物残体、排放废水和废弃物中的糖类、脂肪和蛋白质等较易生物降解的有机物质，包括糖类、蛋白质、脂肪及其他有机物质。有机物质通过生物氧化以及其他的生物转化，可以变成更小更简单的分子。这一过程称为有机物质的生物降解，如果有机物质能降解为二氧化碳、水等简单的无机化合物，则为彻底降解；否则为不彻底降解。

耗氧有机污染物质的微生物降解，广泛发生于土壤和水体之中。

1. 糖类的微生物降解

糖类通式为 $C_x(H_2O)_y$，分成单糖、二糖和多糖三类。单糖中以戊糖和己糖最重要，通式分别为 $C_5H_{10}O_5$ 和 $C_6H_{12}O_6$，戊糖主要是木糖及阿拉伯糖，己糖主要是葡萄糖、半乳糖、果糖等。二糖是由两个己糖缩合而成，通式 $C_{12}H_{22}O_{11}$，主要有蔗糖、乳糖和麦芽糖。多糖是己糖自身或其与另一单糖的高度缩合产物，葡萄糖和木糖是最常见的缩合单体。多糖中以淀粉、纤维素和半纤维素最受环境工作者的关注。糖类降解的过程如下。

（1）多糖水解成单糖

多糖在胞外水解酶催化下水解成二糖和平糖，而后才能被微生物摄取进入细胞内。二糖在细胞内经胞内水解酶催化，继续水解成为草糖。多糖水解成的单糖产物以葡萄糖为主。

（2）单糖酵解成丙酮酸

细胞内单糖不论在有氧氧化或在无氧氧化条件下，都可经过相应的一系列酶促反应形成丙酮酸。这一过程称为单糖酵解。

（3）丙酮酸的转化

在有氧氧化条件下，丙酮酸通过酶促反应转化成乳酸和乙酸等，最终氧化成为二氧化碳和水。

在无氧氧化条件下丙酮酸往往不能氧化到底，只能氧化成各种酸、醇、酮等。这一过程称为发酵。糖类发酵生成大量有机酸，使 pH 值下降，从而抑制细菌的生命活动，属于酸性发酵，发酵具体产物决定于产酸种类和外界条件。在无氧氧化条件下，丙酮酸通过酶促反应往往以其本身作受氢体而被还原成为乳酸；或以其转化的中间产物作受氢体，发生不完全氧化生成低级的有机酸、醇及二氧化碳等。

总反应从能量角度来看，糖在有氧条件下分解所释放的能量大大超过无氧条件下发酵分解所产生的能量，由此可见，氧对生物体有效地利用能源是十分重要的。

2. 脂肪的微生物降解

脂肪由脂肪酸和甘油合成的酯。常温下呈固态的是脂，多来自动物，而呈液态的是油，多来自植物。微生物降解脂肪的基本途径如下。

（1）脂肪水解成脂肪酸和甘油

脂肪在胞外水解酶催化下水解为脂肪酸及甘油。生成的脂肪酸链长大多为 12 ~ 20 个碳原子，另外还有含双键的不饱和酸。脂肪酸及甘油能被微生物摄入细胞内继续转化。

（2）甘油的转化

甘油在有氧或无氧氧化条件下，均能被相应的一系列酶促反应转变丙酮酸。丙酮酸的进一步转化简言之，在有氧条件下是变成二氧化碳和水，而在无氧氧化条件下通常是转变为简单有机酸、醇和二氧化碳等。

（3）脂肪酸的转化

在有氧氧化条件下，饱和脂肪酸通常经过酶促 β 一氧化途径变成脂酰辅酶 A 和乙酰辅酶 A。乙酰辅酶 A 进入三羧酸循环，使其中的乙酰基氧化成二氧化碳和水，并将辅酶 A 复原。而脂酰辅酶 A 又经 β 一氧化途径进行转化。

在无氧氧化条件下，脂肪酸通过酶促反应，往往以其转化的中间产物作受氢体而被不完全氧化，形成低级的有机酸、醇和二氧化碳等。

综上所述，脂肪通过微生物作用，在有氧氧化下能被完全氧化成二氧化碳和水，降解彻底；而在无氧氧化下常进行酸性发酵，形成简单的有机酸、醇和二氧化碳等，降解不彻底。

3. 蛋白质的微生物降解

蛋白质的主要组成元素为碳、氢、氧和氮，有些还含硫、磷等元素。蛋白质是一类由 a- 氨基酸通过肽键联结成的大分子化合物。在蛋白质中有 20 多种 a- 氨基酸。一个氨基酸的羧基与另一个氨基酸的氨基脱水形成酰胺键（—CO—NH—C—）就是肽键。通过肽键由两个、三个或三个以上氨基酸的结合，以此成为二肽、三肽和多肽。多肽分子中氨基酸首尾相互衔接，形成的大分子长链成为肽链。多肽与蛋白质的主要区别，不在于分子量的多少，而是多肽中的肽链没有一定的空间结构，蛋白质分子的长链却卷曲折叠成各种不同的形态，呈现各种特有的空间结构。微生物降解蛋白质的途径是。

（1）蛋白质水解成氨基酸

蛋白质相对分子质量很大，不能直接进入细胞内，故蛋白质先由胞外水解酶催化水解成氨基酸，随后再进入细胞内部。

（2）氨基酸转化成脂肪酸

各种氨基酸在细胞内经酶的作用，通过不同的途径转化成相应的脂肪酸，随后脂肪酸转化成二氧化碳和水。

总而言之，蛋白质通过微生物作用，在有氧氧化下可被彻底降解为二氧化碳、水和氨（或铵离子），而在无氧氧化下通常是酸性发酵，生成简单有机酸、醇和二氧化碳等，降解不彻底。应当指出，蛋白质中含有硫的氨基酸有半胱氨酸、胱氨酸和蛋氨酸，它们在有氧氧化下还可形成硫酸，在无氧氧化下还有硫化氢产生。

在无氧氧化的条件下，糖类、脂肪和蛋白质都可借助产酸菌的作用降解成简单的有机酸、醇等化合物。如果条件允许，这些有机化合物在产氢菌和产乙酸菌的作用下，可被转化成乙酸、甲酸、氢气和二氧化碳，进而经产甲烷菌的作用产生甲烷。复杂的有机物质这一降解过程，称为甲烷发酵或沼气发酵。在甲烷发酵中一般以糖类的降解率和降解速率最高，其次是脂肪，最低的是蛋白质。

（四）有毒有机污染物质的微生物降解

从物质生物转化的类型，机体内酶的种类、分布和外界影响等方面考虑，可以对有机毒物的生物降解途径做出一定的估计。然而，每种物质的生物转化途径一般都包含着一系列连续反应，转化途径也往往多样且可交错，要做出确切判定，只能通过实验确定。

1. 烃类

烃类的微生物降解，在解除碳氧化合物环境污染方面起着重要的作用。烃类的微生物分解较难，且速度较慢，但比化学氧化作用快 10 倍左右。其基本规律是，直链烃易于降解，支链烃稍难一些，芳烃更难，环烷烃的生物降解最困难；在烷烃中，正构烷烃比异构烷烃容易降解，支链比支链烷烃容易降解；在芳香类中，苯的降解要比烷基苯类及多环化合物困难。

以甲烷为例，反应如下：

$$CH_4 \xrightarrow{\text{细胞色素酶}} CH_3OH \xrightarrow{\text{脱氢酶}} HCHO \xrightarrow{\text{脱氧酶}} CO_2 + H_2O$$

碳原子数大于 1 的正烷烃，其最常见的降解途径是：通过烷烃的末端氧化，或次末端氧化，或双端氧化，逐步生成醇、醛及脂肪酸。而后再经相应的酶促反应，最终降解成二氧化碳和水。

烯烃的微生物降解途径主要是烯的饱和末端氧化，再经与正烷烃相同的途径成为不饱和脂肪酸。或是不饱和末端双键氧化成为环氧化合物，然后形成饱和脂肪酸，经相应的酶促反应，最终降解成二氧化碳和水。

芳烃的微生物降解，以苯为例反应，形成的邻苯二酚在氧化酶的作用下，转化为琥珀酸或丙酮酸，最后转化为二氧化碳和水。

2. 农药

进入环境中的农药，首先对环境中的微生物有抑制作用，与此同时，环境中微生物也会利用这些有机农药为能源进行降解作用，使各种有机农药彻底分解为二氧化碳而最后消失。农药的生物降解对环境质量的改善十分重要。用于控制植物的除草剂和用于控制昆虫的杀虫剂，通常对微生物没有任何有害影响。然而有效的杀菌剂则必然具有对微生物的毒害作用。环境中微生物的种类繁多，各种农药在不同的条件下，分解形式多种多样，主要有氧化、还原、水解、脱卤及脱烃等作用。环境中农药的降解是由其中一种或多种完成的。现就一些典型的农药降解途径作一具体说明。

DDT 是一种人工合成的高效广谱有机氯杀虫剂，被广泛用于农业、畜牧业、林业及卫生保健事业。1874 年由德国化学家宰特勒首次合成，直到 1939 年才有瑞士人米勒发现其具有杀虫性能。第二次世界大战后，其作为强力杀虫剂在世界范围内被广泛地使用，在农业丰产和预防传染疾病等方面做出了重大的贡献。

人们一直以为 DDT 之类的有机氯农药是低度安全的，后来发现它的理化性质稳定，在食品和自然界中可以长期残留，在环境中能通过食物链大大浓集；进入生物体后，因脂溶性强，可长期在脂肪组织中蓄积。因此，对使用有机氯农药所造成的环境污染和对人体健康的潜在危险才日益引起人们的重视和不安。此外，由于长期使用，一些虫类对其产生了耐药性，导致使用剂量越来越大，造成了全球性的环境污染问题。有鉴于此，DDT 已经被包括我国在内的许多国家禁止使用。但由于其不易降解，在环境中仍然有大量的残留。DDT 虽然有较为稳定的理化性质，但在环境中和生物体内仍然可以进行生物降解。

（五）微生物对重金属元素的转化作用

环境中金属离子长期存在的结构，使自然界形成了一些特殊的微生物，它们对有毒金属离子具有抗性，可以使金属元素发生转化作用。汞、铅、锡、硒、砷等金属或类金属离子都能够在微生物作用下发生转化。下面以汞为例说明微生物对重金属的转化作用。

汞在环境中存在形态有金属汞、无机汞和有机汞化合物三种，各形态的汞一般具有毒性，但毒性大小不同，其毒性大小顺序可以按无机汞、金属汞和有机汞的顺序递增。其中烷基汞是已知的毒性最大的汞化合物，其中甲基汞的毒性最大。甲基汞脂溶性大，化学性质稳定，容易被生物吸收，难以代谢消除，能在食物链中逐渐传递放大，最后通过鱼类等进入人体。汞的微生物转化主要方式是生物甲基化和还原作用。

1. 汞的甲基化

汞的甲基化产物有一甲基汞和二甲基汞。甲基钴氨素（CH_3CoB_{12}）是金属甲基化过程中甲基基团的重要生物来源。当含汞废水排入水体后，无机汞被颗粒物吸着沉入水底，通过微生物体内的甲基钴氨酸转移酶进行汞的甲基化转变。在微生物的作用下，甲基钴氨酸中的甲基能以 CH_3^- 的形式与 Hg^{2+} 作用生成甲基汞。

以上反应无论在好氧条件还是厌氧条件下，只要有甲基钴氨素存在，在微生物作用下反应就能实现。

汞的甲基化既可在厌氧条件下发生，也可在好氧条件下发生。在厌氧条件下，主要转化为二甲基汞。二甲基汞难溶于水，有挥发，易散逸到大气中，但二甲基汞容易被光解为甲烷、乙烷和汞，故大气中二甲基汞存在量很少。在好氧条件下，主要转化为一甲基汞，在 pH 为 4 ~ 5 的弱酸性水中，二甲基汞可以转化为一甲基汞。一甲基汞为水溶性物质，易被生物吸收而进入食物链。

汞甲基化是微生物存在下完成的。这一过程既可在水体的淤泥中进行，也可在鱼体内进行。Hg^{2+} 还能在乙醛乙酸和甲醇作用下，经紫外线辐射进行甲基化。这一过程比微生物的甲基化要快得多。但 Cl^- 对光化学过程有抑制作用，故可推知，在海水中上述过程进行缓慢。

影响无机汞甲基化的因素有很多，主要有以下方面。

（1）无机汞的形态

研究表明，只有 Hg^{2+} 对甲基化是有效的，Hg^{2+} 浓度越高，对甲基化越有利。排入水体的其他各种形态的汞都要转化为 Hg^{2+} 才能甲基化。

（2）微生物的数量和种类

参与发生甲基化过程的微生物越多，甲基汞合成的速度就越快。所以水环境中的甲基化往往在有机沉淀物的最上层和悬浮的有机制部分。但是，有些微生物能把甲基汞分解成甲烷和元素汞等（反甲基化作用），反甲基化微生物的数量则影响和控制着甲基汞的分解速度。

（3）温度、营养物及 pH 值

由于甲基化速度与反甲基化速度都与微生物的活动有关，所以在一定的 pH 值条件下（一般 pH 值为 4.5～6.5），适当地提高温度，增加营养物质，必然促进和增加微生物的活动，因而有利于甲基化或反甲基化作用的进行。

（4）水体其他物质

如当水体中存在大量 Cl^- 或 H_2S 时，由于 Cl^- 对汞离子有强烈的配合作用，H_2S 与汞离子形成溶解度极小的硫化汞，降低了汞离子浓度而使甲基化速度减慢。

甲基汞与二甲基汞可以相互转化，主要决定于环境的 pH 值。据研究，不论是在实验室还是在自然界的沉积物中，合成甲基汞的最佳 pH 值都是 4.5。在较高的 pH 值下易生成二甲基汞，在较低的 pH 值下二甲基汞可转变为甲基汞。

汞不仅可以在微生物作用下进行甲基化，而且也能在乙醛、乙醇和甲醇的作用下进行甲基化。

2. 汞的还原作用

自然界的生物是相互作用、相互制约的。受汞污染的底泥中还存在另一种抗汞微生物，它们具有反甲基化作用，能去除甲基汞的毒性能使甲基汞或无机汞变成金属汞。这是微生物以还原作用转化汞的途径。汞的还原作用反应方向恰好与汞的生物甲基化反向相反，故又称为生物去甲基化。常见的抗汞微生物是假单胞菌属。

这些微生物能把 $HgCl_2$ 还原成单质汞 Hg，也可使有机汞转化为单质汞及相应的有机物。利用微生物的这种功能可发展生物治汞技术。此外，二甲基汞还可以通过酸解反应、脱汞反应及蒸发损失，使水体中的有机汞降解成为无机汞，减少其毒性。

第六章 污染控制与受污染环境的治理

随着人类生产力的不断提高，环境污染问题也在变得日益严重，除了传统的大气污染、水污染、固体废弃物污染等，人们的生产生活方式在进步的同时，也在带来一些新的污染刑事，却水造成的"热污染"，虽然水中不含任何污染物，但由于和水体的温度差异，大量持续的排放会对水体的生态系统造成毁灭性的破坏。另外城市中不必要的照明和娱乐用探照灯，会造成"光污染"。污染问题的日益严重已经引起了各国政府的重视，污染控制也受污染环境治理也成为一个焦点问题。本章即对物理化学技术、水污染处理的氧化还原技术、环境污染修复技术进行研究。

第一节 物理化学技术

一、吸附法

离子交换法（ion exchange）利用物质表面存在的未平衡的分子引力或化学键力，把混合物的某一组分或某些组分吸附在其表面上，这种分离化合物的过程称为吸附（adsorpion）。

（一）吸附原理

1. 吸附的本质

处在固体表面的原子所受的周围原子的作用力是不对称的，即原子所受的力不饱和，存在剩余力场。当某些物质接近固体表面时，受到力场的影响而被吸附。也就是说，固体表面可以自动吸附那些能够降低其表面自由能的物质，吸附的本质是吸附质与吸附剂之间的相互作用，包括范德瓦耳斯力、化学键力和静电引力。根据吸附力的不同，吸附可以分为物理吸附、化学吸附和离子交换吸附三种类型。其中，离子交换吸附是一种特殊的吸附过程。

应该指出，物理吸附与化学吸附在许多情况下是相伴或者交替发生的。有时温度可以改变吸附力的性质，如 Ni 对 H_2 的吸附。低温时，具有较高能量的分子数目少，因而化学吸附的速率很慢，以物理吸附为主，当温度上升，吸附量（q）减少；知道某一温度高至可以活化氢分子，化学吸附速率开始加快，吸附量增多随温度增高，活化分子的数目迅速增多，所以吸附量随温度的上升而增加，到最高点时，化学吸附达到吸附平衡，但化学吸附大多是放热效应，故温度继续上升，吸附量又开始下降，平衡向脱附方向进行。

溶液中吸附质在多孔吸附剂上的吸附过程基本上可以分为四个阶段。第一阶段，吸附质从主体相扩散至膜表面；第二阶段为膜扩散阶段；第三阶段为孔隙扩散阶段；第四阶段是吸附反应阶段，吸附质被吸附在吸附剂孔隙的内表面，并逐渐形成吸附与脱附的动态平衡。一般而言，吸附速度主要由膜扩散速度或孔隙扩散速度来控制。

2. 吸附作用的影响

①吸附剂的性质。由于吸附作用发生在吸附剂表面，所以吸附剂的表面积越大，吸附能力越强。另外，吸附剂的颗粒大小、孔隙构造和分布情况以及表面化学特性对吸附力也有很大的影响。

吸附剂的极性不同，吸附效果也不同。一般来说，极性分子型吸附剂易吸附极性的吸附剂，非极性分子型吸附剂易吸附非极性的吸附质。

②吸附质的性质。一般来说，吸附质的溶解度越低，从溶剂中逃离的趋势越大，越容易被吸附。从吸附本质上说，吸附质使界面自由焓降低越多，越容易被吸附。

③溶液的 pH。pH 对吸附质在水体中的存在形态（分子、离子、络合物等）和溶解度均有影响，进而影响着吸附效果。

④共存物的影响。实际废水中往往含有多种污染物，它们有的能相互诱发吸附，有的能相互独立的吸附，有的则能相互干扰。许多资料指出，任何溶质都能以某种方式与其他溶质竞争吸附。

⑤操作条件。吸附是放热过程，低温有利于吸附，升温有利于脱附。另外，吸附质与吸附剂的接触时间、吸附剂的制备工艺等都会影响产生效果。

（二）活性炭吸附

活性炭是应用最为广泛的一种吸附剂。目前，活性炭吸附已经成为城市污水、工业废水深度处理和污染水源净化的一种手段，用于去除难降解的少量有害物质，如色素、杀虫剂、洗涤剂以及一些重金属离子，如汞、锑、铋、镉、铬、铅、镍等。在气体净化中，活性炭也发挥着重要的作用。例如，煤气厂以及炼油厂常用活性炭来脱除气体的硫化物。

活性炭是一种非极性吸附剂，外观为暗黑色，其主要成分除碳以外，还含有少量的氧、氢、硫等元素，以及水分和灰分。它具有良好的吸附性能和稳定的化学性质，可以耐强酸、强碱，能经受水浸、高温高压的作用，不易破碎。

活性炭具有巨大的比表面积和发达的微孔。通常活性炭的比表面积达 800 ~ 2000 m^2/g。它的孔隙分为三类：①微孔，孔径在 2 nm 以下，孔容为 0.15 ~ 0.9 ml/g，表面积占总表面积的 95% 以上；②过渡孔，孔径为 2 ~ 100 nm，孔容为 0.02 ~ 0.1 ml/g，除特殊活化方法以外，表面积不超过总表面积的 5%；③大孔，孔径 100 nm 以上，孔容为 0.2 ~ 0.5 ml/g，而比表面积仅为 0.2 ~ 0.5 m^2/g。其中微孔对吸附量影响最大，对活性炭的吸附作用起决定作用；过渡孔不仅为吸附质提供扩散通道，又在一定相对压力下发生毛细管凝结，而且当吸附质的分子较大时，主要靠它们来完成吸附；大孔主要为吸附质扩散提供通道。

活性炭的吸附特性不仅取决于其孔隙结构，也决定于其表面化学性质。活性炭的吸附位点有两类：一类是物理吸附活性点，数量很多，没有极性，是构成活性炭吸附能力的主体部分；另一类是化学吸附活性点，主要是在制备过程中形成一些具有专属反应性能的含氧官能团，如羧基（—COOH）、羟基（—OH）碳基（—C—O）、甲氧基（—OCH$_3$）等，它们对活性炭的吸附性能有很大的影响。因此，对活性炭表面的化学性质的研究引起了人们的高度重视。活性炭的表面特征由两个方面决定：制备方法（主要是活化工艺）和后处理技术（主要是表面改性技术）。

利用活性炭吸附法处理重金属废水以及氧化性废水时，活性炭具有吸附作用外，还具有还原作用。例如，在净化含镉废水时，酸性条件下，活性炭可将吸附在表面的 Cr^{6+} 还原为 Cr^{3+}。

活性炭有颗粒活性炭（granular activated carbon，GAC）、粉状活性炭（powdered activated carbon，PAC）和纤维状活性炭（也即活性炭纤维，activated carbon fiber，ACF）三种。目前工业上及废水处理中大量采用的是颗粒活性炭。值得提倡的是，ACF 是一种新型高效吸附材料，是有机碳纤维（carbon fiber，CF）经活化处理所制得的具有发达的孔隙结构的功能性碳纤维。ACF 是从 20 世纪 60 年代迅速发展起来的，继 PAC、GAC 之后的第三代活性炭材料：首先，它的直径小，微孔发达且孔隙分布窄，还具有众多的官能团，其吸附能力大大超过目前普通的活性炭；其次，它的再生远比活性炭容易；再次，它的漏损小，虑阻小，吸附层薄，体密度小，易制作轻便及小型化的生产设备。因此 ACF 作为新一代污染控制材料，具有较好的应用前景。

二、离子交换法

离子交换法是利用固相离子交换剂功能基团所带的可交换离子与接触交换剂的溶液中相同电性的离子进行交换反应，以达到离子的置换、分离、去除、浓缩目的的一种方法。

（一）离子交换的基本理论

离子交换剂是一种带有可交换离子（阳离子或阴离子）的不溶性固体物质，由固体骨架和交换基团两部分组成，交换基团内含有可游离的交换离子。带有阳离子的交换剂称为阳离子交换剂，带有阴离子的交换剂称为阴离子交换剂。相当地，离子交换反应可以分为阳离子交换和阴离子交换两种类型。

离子交换过程是平衡可逆的，反应方向受树脂交换基团的性质、溶液中离子的性质、浓度、溶液 pH、温度等因素的影响。根据这种平衡可逆性质，可使饱和的离子交换剂得到再生而反复使用。

（二）离子交换树脂

离子交换剂可分为无机离子交换剂和有机离子交换剂两类。前者如天然沸石和人造沸石、硅胶等，后者有磺化煤和各种离子交换树脂。其中离子交换树脂是人工合成的一类高分子聚合物，是使用最广泛的离子交换剂。

1. 离子交换树脂的分类

离子交换树脂的分类繁多，按活性基团的性质分，可分为阳离子交换树脂和阴离子交换树脂。阳离子交换树脂可解离出氢离子或其他阳离子（多为 Na^+），能与溶液的阳离子进行交换反应。阴离子交换树脂可解离出氢氧根离子或其他阴离子（多为 Cl^-），与溶液中的阴离子进行交换反应。根据离子交换树脂在水溶液中的解离离子不同，又可分为强酸性的、弱酸性的、强碱性的、弱碱性的。其中，活性基团中的 H^+ 和 OH^- 可分别用 Na^+ 和 Cl^- 代替，因此阳离子交换树脂又有氢型和钠型之分，阴离子交换树脂有氢氧型和氯型之分。

强酸性阳离子交换树脂和强碱性阴离子交换树脂吸附能力强，在碱（酸）性、中性、甚至酸（碱）性介质中都有离子交换功能，但是解吸再生困难；弱酸（碱）性阳（阴）离子交换树脂仅能在接近中性和碱（酸）性介质中才能解离而显示离子交换功能。

2. 离子交换树脂的基本特性

（1）选择性

交换树脂的选择性可用离子交换势的大小表示，经过长期的研究及实践，人们总结出如下规律。

①在常温低浓度水溶液中，阴离子价态越高，交换势越大。同价阳离子的交换势随原子序数增大而增大，例如：

$$Th^{4+} > Al^{3+} > Ca^{2+} > Na^+,\ Rb^+ > K^+ > Na^+ > Li^+$$

②H^+ 和 OH^- 的交换势取决于它们与固定离子所形成的酸或碱的强度，强度越大，交换势越小。例如，对于强酸性阳离子交换树脂，H^+ 的交换势介于 Na^+ 和 Li^+ 之间；对于弱酸性阳离子交换树脂，H^+ 的交换势最强，居于首位。

③常温低浓度水溶液中，不同类型离子交换树脂对各种离子的交换势顺序如下。

弱碱性阴离子交换树脂的选择性顺序：

$$OH^- > Cr_2O_7^{2-} > SO_4^{2-} > CrO_4^{2-} > C_6H_5O_7^{3-} > C_4H_4O_6^{2-} > NO_3^{3-} > AsO_4^{3-} > PO_4^{3-} >$$
$$MoO_4^{2-} > AC^-、I^-、Br^- > Cl^- > F^-$$

强碱性阴离子交换树脂的选择性顺序：

$$Cr_2O_7^{2-} > SO_4^{2-} > CrO_4^{2-} > NO_3^- > Cl^- > OH^- > F^- > HCO_3^- > HSiO_3^-$$

弱酸性阳离子交换树脂的选择性顺序：

$$H^+ > Fe^{3+} > Cr^{3+} > Al^{3+} > Ca^{2+} > Mg^{2+} > K^+、NH_4^+ > Na^+ > Li^+$$

强酸性阳离子交换树脂的选择性顺序：

$$Fe^{3+} > Cr^{3+} > Al^{3+} > Mg^{2+} > K^+、NH_4^+ > Na^+ > H^+ > Li^+$$

位于选择性顺序前列的离子可以取代位于选择性顺序后列的离子。

④在高温、高浓度时，位于离子交换树脂的选择性顺序后列的离子也可以取代位于选择性顺序前列的离子，这是树脂再生的依据之一。

（2）溶胀性

各种离子交换树脂都含有极性很强的交换基团，因此亲水性很强。树脂的这种结构使其具有溶胀和收缩的性能。树脂溶胀或收缩的程度以溶胀率表示，溶胀率受下列因素的影响。

①所接触的介质。

②树脂自身的结构特征。

③电荷密度。

④反离子的种类。

树脂的溶质性直接影响树脂的操作条件，所以在交换器的涉及和使用过程中，都应注意这一因素。

（3）物理和化学性质稳定

树脂的物理稳定性是指树脂受到机械作用时（包括使用过程中的溶胀和收缩）的磨损程度，以及温度变化对树脂影响的程度。化学稳定性包括承受酸碱度变化的能力，抵抗氧化还原的能力等。

三、混凝法

混凝（coagulation）是指在混凝剂的作用下水中的胶体和细微悬浮物凝聚为絮凝体，然后予以分离去除的水处理方法，在给水和排水中得到了非常广泛的应用。混凝分为凝聚和絮凝两种，这两个概念的区分并不是很严格。讨论其化学概念时，通常把由电解质促成的聚集称为凝聚，而由聚合物促成的聚集称为絮凝（focculation）。

（一）胶体的稳定性理论

1.胶体粒子的双电子层模型

研究表面，胶体微粒都带有电荷（如天然水中的黏土类胶体微粒以及污水中的胶态蛋白质和淀粉微粒等都带有负电荷）。胶体的中心为胶核，胶核表面选择性地吸附了一层负电荷离子或一层正电荷离子，该离子层称为胶体微粒的电位离子，它决定了胶体电荷的大小和符号。由于电位离子的静电引力，其周围又吸附了大量的异号电荷，形成了所谓的"双电层（electric double layer）"。异号离子中紧靠电位离子的部分被牢固地吸引着，当胶核运动时，它们也随着一起运动，形成固定的离子层。而其他异号离子离电位离子较远，受到的引力较弱，不随胶核一起运动，并有向水中扩散的趋势，形成了扩散层。固定的离子层与扩散层之间的交界面称为滑动面。滑动面以内的部分称为胶粒，胶粒与扩散层之间有一个电位差，称为胶体的电动电位，常称为克赛电位。胶核表面的电位离子与溶液之间的电位差称为总电位或电位。

2.胶体稳定的原因

胶粒能在水中保持稳定悬浮的原因主要有三点。

①胶粒表面带有电荷，带相同电荷的胶粒产生静斥力，且电位越高，静电斥力越大。

②受水分热运动的撞击，微粒在水中做不规则的运动，即布朗运动。

③由于胶粒带电，将极性水分子吸引到它的周围，形成一层水化膜，同样阻止胶粒间的相互接触。对于亲水性胶体（如蛋白质、淀粉等有机胶粒），稳定性主要由它表面的水化膜来保持，而对于憎水胶体（如黏土等一些无机胶粒），其表面吸附的水分较少，稳定性主要由胶粒表面电荷来保持。

（二）混凝的原理

混凝就是在混凝剂的离解和水解产物的作用下，使水中的胶体污染物和细微悬浮物脱稳并聚集为具有可分离性的絮凝体的过程。混凝的影响因素很多，如水中的杂质的成分和浓度、水温、水的 pH、碱度以及投加的混凝剂的性质和混凝条件等。但归纳起来，可以认为混凝主要是以下四个方面的主要作用。

1.压缩双电子层

如 DLVO 理论所述，离子强度增大到一定的程度时，综合作用位能 V_T 由于双电子层被压缩而降低，则一部分颗粒的热运动能量有可能超过该位能。当两种强度相当高时，V_{max} 可以完全消失。在水中投加电解质——混凝剂时便可出现这种情况，即为凝聚。

2.电性中和作用

当投加的电解质为铁盐、铝盐时，它们能在一定条件下离解和水解，生成各种络离子，如 $[Al(H_2O)_6]^{3+}$、$[Al(OH)(H_2O)_5]^{2+}$、$[Al_2(OH)_2(H_2O)_8]^{4+}$ 和 $[Al_3(OH)_5(H_2O)_9]^{4+}$ 等。这些络合离子不但能压缩双电子层，而且能够通过胶核外围的反离子层进入固—液界面，并中和电位离子所带电荷，使电位下降，实现胶粒的脱稳和凝聚，即电性中和。

3.吸附架桥作用

三价铝盐或铁盐以及其他高分子混凝剂溶于水后，经水解和缩聚反应形成高分子聚合物，具有线性结构。这类高分子物质可以被胶体微粒强烈吸附，因其线性长度较大，当一端吸附某一胶粒后，另一端又吸附某一胶粒，在相距较远的两胶粒间进行吸附架桥，使颗粒逐渐变大，形成肉眼可见的粗大絮凝物。这种由于高分子物质吸附架桥作用而使胶粒相互黏结的过程，称为絮凝。

4.网捕作用

三价铝盐或铁盐等水解而生成沉淀物，这些沉淀物在自身降解过程中，能集卷、网捕水中的胶体等颗粒，使胶体黏结。

对于不同的混凝剂，以上作用所起的作用程度是不同的。对高分子混凝剂，特别是有机高分子混凝剂，吸附架桥作用可能起主要作用；对硫酸铝等混凝剂，压缩双电层作用、电性中和作用以及网捕作用都具有重要作用。

（三）混凝剂及其作用机理

混凝剂的种类较多，目前常用的混凝剂按化学组成分为无机盐混凝剂和有机高分子类混凝剂两大类。

1. 无机盐类混凝剂

铝盐、铁盐、碳酸盐、活性硅酸、高岭土等都可以作为混凝剂，目前应用最广泛的是铝盐和铁盐。

①铝盐。铝盐主要有硫酸铝、明矾和聚合氯化铝等。铝盐溶于水后，在一定条件下发生水解、聚合、成核以至沉淀等一系列化学反应。

②铁盐。铁盐作为混凝剂的机理与铝盐颇为相似，铁离子也能在一定条件下发生水解、聚合、成核以及沉淀等物理化学反应，生成各种水解组分。常用的主要有三氯化铁（$FeCl_3 \cdot 6H_2O$）、硫酸亚铁（$FeSO_4 \cdot 7H_2O$）和聚合硫酸铁等，其中，$FeCl_3 \cdot 6H_2O$ 是黑褐色的结晶体，极易溶于水，处理低水温或低浊度水效果比铝盐好（适合的 pH 范围较广，但处理后水的色度比铝盐处理后的色度高），但三氯化铁腐蚀性强，不易保存。与普通铁铝盐相比，聚合硫酸铁具有投加量少，絮体生成快，对水质的适应范围广，以及水解时消耗水中碱度少等一系列优点，因而在废水处理中的应用越来越广。

2. 有机高分子类混凝剂

有机高分子混凝剂有天然和人工合成两种，前者远不如后者应用得广泛。高分子混凝剂一般为链状结构，各单体间以共价键结合。单体的总数称为聚合度，高分子混凝剂的聚合度为 1000 ~ 5000，甚至更高。高分子混凝剂溶于水中将生成大量的链状高分子。

根据高分子聚合物所带基团能否离解即离解后所带离子的电性，有机高分子混凝剂可分为阴离子型、阳离子型和非离子型三类。阴离子型主要是含有—COOM（M 为 H^+ 或金属离子）或—SO_3H 的聚合物，如阴离子型聚丙烯酰胺（HPAM）和聚苯乙烯磺酸钠（PSS）等。阳离子型主要是含有—NH_2 等基团的聚合物，如阳离子型聚丙烯酰胺（APAM）。非离子型是所含基团不发生离解的聚合物，如聚丙烯酰胺（PAM）和聚氧乙烯（PEO）等。我国当前使用较多的有机高分子混凝剂是 PAM。PAM 发生霍夫曼重排反应以及在碱性溶液中（pH > 10）发生水解反应，可分别得到阳离子型聚丙烯酰胺（APAM）和阴离子型聚丙烯酰胺（HPAM）。

由于有机高分子混凝剂分子上的链节与水中胶体微粒有极强的吸附作用，混凝效果相当好。即使对负电胶体，阴离子型聚合物也有相当强的吸附作用，但对于未经脱稳的胶体，由于静电斥力有碍于吸附架桥作用，阴离子聚合物通常做助凝剂使用。阳离子型的吸附作用尤其强烈，且在吸附的同时，对负电胶体有电中和的脱稳作用。但有机高分子混凝剂制造过程复杂，价格昂贵，有些还有一定的毒性，需要合理使用以免造成二次污染。

四、膜分离法

膜分离（membrance separation）是以选择性透过膜为分离介质，在两侧施加某种推动力，使分离物质选择性地透过膜，从而达到分离或提纯目的。这项技术是近几十年发展起来的新的物理化学技术。

（一）膜分离技术的类型

目前，常见的膜分离技术有扩散渗析（diffusion dialysis）、电渗析（electro dialysis，ED）、反渗透（reverse osmosis，RO）、超滤（ultrafiltration，UF）、液膜（liquid membrane，LM）分离、隔膜电解等。这些膜分离技术有许多共同点，例如被处理的溶液没有物质相的变化，因而能量转化的效率高；大多不消耗化学药剂；可在常温下操作，不消耗热能。

（二）膜分离技术的基本原理

1. 电渗析

电渗析是在直流电场的作用下，以电位差为推动力，利用离子交换膜的选择透过性，把电解质从溶液中分离出来，从而实现溶液的淡化、浓缩、精制或纯化的方法。在水处理中，可用于海水淡化、水的软化、造纸黑碱液处理、酸的回收等。电渗析法除水中的电解质的基本过程可看作是电解和渗析的组合。由于离子交换膜的选择透过性，即理论上阳膜只允许阳离子通过，阴膜只允许阴离子通过，在外加直流电场的作用下，阴、阳离子分别向阳极和阴极迁移，从而去除水中的电解质。

2. 扩散渗析

扩散渗析是指高浓度溶液中的溶质透过薄膜向低浓度中迁移的过程。其推动力是薄膜两侧的浓度差，且渗析速度与膜两侧的浓度差成正比。

最初使用的扩散渗析薄膜是惰性膜，多用于高分子物质的提纯。使用离子交换膜的扩散渗析，可利用膜的性质透过性来分离电解质。离子交换膜扩散渗析除了没有电极以外，其他构造与电渗析基本相同。但与电渗析相比，分离效率较低。

3. 反渗透

只透过溶剂而不透过溶质的膜称为半透膜。施加压力于与半透膜相接触的浓溶液，所产生的与自然渗析现象相反的过程称为反渗透。

目前主要有两种理论解释反渗透过程的机理：溶解扩散理论和选择性吸附 - 毛细流理论。

（1）溶解扩散理论

把半透膜视为一种均质无孔的固体溶剂，化合物在膜中的溶解度各不相同。溶解性差异的原因，对于醋酸纤维素膜而言，有人认为是氢键结合，即溶液中的水分子能与醋酸纤维素膜上的碳基形成氢键而结合，然而在反渗透压力的推动下，水分子由一个氢键位置断裂，转移到另一个位置，通过一连串氢键的形成和断裂而透过膜。

（2）选择性吸附-毛细流理论

把半透膜看作是一种微细多孔结构物质，具有选择吸附水分子而排斥溶质分子的化学特性。在反渗透压作用下，界面水层在膜孔内产生毛细流动，连续地透过膜层而流出，溶质则被膜截留下来。

4. 超滤

一般认为超滤是一种筛孔分离过程，主要用来截留相对分子质量大于 500 的大分子和胶粒微粒。超滤膜具有选择性的主要原因是形成了具有一定尺寸和形状的孔。但也有人认为，除了膜孔结构外，膜表面的化学性质也是影响超滤分离的重要因素，并认为反渗透理论可以作为研究超滤的基础。

5. 液膜分离

液膜是悬浮在液体中的很薄的一层乳液微粒。它可以把两个不同组分的溶液隔开，并且通过渗透作用起着分离一种或一类物质的作用，是 20 世纪 60 年代开发的一种新型膜分离技术。在石油和化工工业中，液膜可用于分离一些物化性质相近而不能用常规的蒸馏、萃取方法分离的烃类混合物。随着液膜分离技术的开发、研究，其应用领域遍及环保、生化、冶金、石油、化工、医药等诸多领域。

液膜主要由溶剂表面活性剂、流动载体和膜增强添加剂制成。溶剂（水或有机溶剂）构成膜的基体；表面活性剂有亲水基和疏水基，可以定向排列以固定油水分界面，稳定模型，同时还对组分通过液膜的传质速率等有显著的影响；流动载体的作用是选择性携带欲分离的溶质或粒子进行迁移；膜增强添加剂可进一步提高膜的稳定性。按照膜的组成不同，可分为水包油包型（W/O/W，即内相和外相都是水相），油包水包油型（O/W/O，即内相和外相都是有机相）。按照液膜传质的机理，可分为无载体液膜和有载体液膜。按照液膜的形状，可分为液滴型、乳化性和隔膜型等。以乳化性 W/O/W 液膜为例，其形成过程是：先将液膜材料与一种作为接受相的试剂水溶液混合，形成含有许多小水滴（内水相）的油包水乳状液，再将此乳状液分散在溶液的连续相中，便形成了 W/O/W 液膜分离体系。外水相的待分离物质可透过液膜进入内水相（接受相）而分离。

液膜技术的作用与固态膜技术的作用相似，并具有很多优点。

①具有特殊的选择性。

②较高的从低浓度区向高浓度区迁移的定向性。

③极大的渗透性，据计算，以 NaOH 溶液为内相溶液，可使酚浓缩 104 倍。

④由于具有很大的膜表面积而有很高的传质速度。

⑤制备简单，加入不同载体可制成各种用途的膜体系。

不过，液膜分离技术需要制乳、萃取和破乳三个过程，即要求乳液具有足够的稳定性以保障分离效果，又要易于破乳，以便高效分离膜组分与内相溶液。这两项要求互相矛盾，合理解决这对矛盾是充分发挥液膜分离技术优势的关键之一。

五、溶液萃取法

溶剂萃取法（solvent extraction）是通过物质由一个液相（通常为水相）转移到另一个基本互不相容的液相（通常为有机相）这一传质过程来实现物质提取、分离的方法。

（一）萃取体系的组成

萃取体系（extraction system）一般由基本不相容的两相——水相和有机相组成。水相即被萃取物的水溶液。由于萃取的需要，有时还需要在水相中添加络合剂、盐析剂等。有机相通常由萃取剂稀释剂组成。萃取剂是指与被萃取物能发生化学结合而又能溶于有机相的试剂；稀释剂是指萃取过程中构成连续有机相的惰性试剂，它能溶解萃取剂且不与被萃取物发生化学反应，组成有机相的惰性溶剂一般是饱和烃、芳烃及某些卤代烃，如庚烷、苯、氯仿、煤油等。当萃取剂是固体或黏度较大的液体时，稀释剂是构成有机相的不可缺少的组分。若萃取剂本身流动性好，在有机相中也可以不添加稀释剂。同时，有机相中也可以加入一些改质剂来增大萃取剂剂萃合物在有机相中的溶解度，消除和避免水相和有机相之间第三相的产生，以实现更好的分离。

（二）萃取剂

萃取剂（extraction solvent）的研究是萃取化学的重要组成部分。正确选用萃取剂、研制新型萃取剂、解释萃取剂机理等，都需要萃取剂的基本知识。一般来说，萃取剂应该具有如下的性质。

①具有一个或几个萃取功能基，萃取剂通过此功能基与萃取物相结合而形成萃合物。对于金属离子，常见的功能基是氧、氮、硫和磷四种原子，它们的共同特点是具有没配对的孤对电子，功能基通过它们与金属离子配合。

②具有良好的溶解性。它包含两个含义：一是对萃取物的溶解度高，即分配系数大；二是萃取剂本身在水中的溶解度要低，不会发生乳化现象，容易与水分离。

③具有良好的选择性，较大的分离因子。即只萃取某些物质而对其他物质的萃取能力很差。

④具有较大的萃取容量。即单位体积的萃取剂能萃取大量的被萃取物。

除以上特征之外，萃取剂还应满足黏度低、化学性质稳定、所形成的萃合物易反萃合再生以及无毒等要求。

（三）污染控制中常用的萃取体系

萃取体系种类繁多，分类方法尚不统一。有人建议按照萃取剂的种类来分类，还有人主张按照被萃取金属离子的外层电子构型分类。目前，国内较为通行的是徐光宪在1962年提出的分类法，根据萃取机理或萃取过程中生成的萃合物性质，将萃取剂通常分为简单分子萃取、中性配合萃取、酸性配合或螯合萃取、离子缔合萃取、协同萃取、高温萃取六大类。

第二节　水处理中化学氧化技术原理及应用

一、常规化学氧化技术

（一）氯化

氯氧化通常称为氯化，是应用最早，而且是国内目前使用最普遍的一种饮用水氧化方法。水处理中常利用氯与某些无机物的氧化反应来完成它们的去除问题，较常见的应用有除铁和除锰。地下水中呈溶解态的二价铁可以通过氯氧化为氢氧化铁沉淀物：

$$2Fe（HCO_3）_2+Cl_2+Ca（HCO_3）_2=2Fe（OH）_3+CaCl_2+6CO_2$$

水中溶解的锰化合物同样可以通过氯氧化成二氧化锰沉淀，但 pH 应为 7 ~ 10，反应式为

$$MnSO_4+Cl_2+4NaOH=MnO_2+2NaCl+Na_2SO_4+2H_2O$$

预氯化常用于水处理工艺中以杀死藻类，使其易于在后续水处理工艺去除。对于富营养化水源水，许多水厂采用预氯化单元处理。但氯化对一些藻类去除率有一定的限制，某些藻类的去除并不总随加氯量的增加而增加，如对水中的颤藻去除效果不理想。

氯化可以降低水中的色和味，抑制藻类和细菌繁殖，加强对后续工艺的保护，具有经济有效的特点，但当原水中有机物含量较高时，预氯化将增加氯耗，同时也会生成"三致"作用氯化消毒副产物，消毒副产物对人体健康的影响已经引起了世界各国的关注，并制定了饮用水消毒副产物的标准。氯化消毒副产物广义上分为卤化复合物和非卤化复合物两类。卤复合物主要非分为 6 类，第一类：三卤甲烷类，主要有三氯甲烷、二氯溴烷、二溴氯烷和三溴甲烷；第二类：卤乙酸类，主要有二氯乙酸、三氯乙酸、二溴乙酸、溴氯乙酸和二溴酸等；第三类：卤代腈类，主要有二氯乙腈和溴氯乙腈；第四类：卤素金盐类；第五类：卤代酮类；第六类：卤代酚类。自 1974 年 Rook 发现卤化消毒可以成氯仿致癌物以来，已经发现了饮用水卤化消毒副产物超过 500 种。消毒副产物的毒理效应包括致癌性、致突变性、致畸性、肝毒性、肾毒性、神经毒性、遗传毒性、生殖毒性等。氯易与水中的有机物形成三卤甲烷等致变物或其他有毒成分，且这些物质不易被后续常规处理工艺去除。此外，在氯与有机物、酚类化合物的反应中，还会产生有气味的氯化物，是饮用水处理应该避免的。因此，预氯化不是饮用水处理的理想技术，因此用氯气作为氧化剂应用于地表水的净化受到了很大的限制，随着人们对氯化消毒副产物的进一步认识，寻找新的氧化替代产物技术已经势在必行。

（二）二氧化氯氧化

二氧化氯（ClO_2）是汉弗莱·戴维于 1811 年发现的。根据浓度的不同，二氧化氯是一种由黄绿色到橙色的气体，相对分子质量为 67.45，具有与氯气相似的刺激气体，空气中的体积分数超过 10% 便有爆炸性，但在水溶液中确实十分安全。二氧化氯一般需由亚氯酸钠反应现场制作，使它具有氧化作用强、生产简单、成本低等特点。在美国，ClO_2 用于饮用水处理已超过 50 年，氧化性能独特的二氧化氯也正日益受到人们的青睐，在世界各地应用也逐增多，特别在水源受到酚类、腐殖质类、锰类的污染以及受季节性藻类和异臭困扰的地区。我国从 20 世纪 90 年代以后才开始在一些中小型水厂中加以应用和研究，但发展迅速。目前国内已有数百家水厂进行二氧化氯的实验和生产的应用。随着我国水质污染加剧和人们对水质要求的提高，二氧化氯净化饮用水必将拥有更广泛的市场。

在 pH 大于 7.0 的条件下，二氧化氯能迅速氧化水中的铁离子和锰离子，形成不溶解性的化合物。其主要反应式如下

$$2ClO_2+5Mn^{2+}+6H_2O=5MnO_2\downarrow+12H^+2Cl^-$$

二氧化锰不溶于水，可以滤掉。二氧化氯能迅速将二价铁离子氧化为三价铁离子，以氢氧化铁的形式沉淀出来。

$$ClO_2+5Fe（HCO_2）_3+13H_2O=5Fe（OH）_3\downarrow+15CO_2\uparrow+26H^++Cl^-$$

二氧化氯可以有效控制水中藻类的繁殖。作为这一种较强的氧化剂，作为一种较强的氧化剂，它用于预氧化除藻的优势在于：对藻类具有良好的去除效果，同时又不产生很显著的有机副产物。二氧化氯对藻类的控制主要是由于它对苯环有一定的亲和性，能使苯环发生变化而无臭味。叶绿素中的吡咯环与苯环非常相似，二氧化氯也同样能够作用于吡咯环。这样，二氧化氯氧化叶绿素，藻类的新陈代谢终止，使得蛋白质的合成中断，这是个不可逆过程，导致藻类死亡。同时，二氧化氯在水中以中性分子形式存在，它对微生物的细胞壁有较强的吸附和穿透能力，易于透过细胞壁与藻细胞内主要的氨基酸反应，从而使藻细胞因蛋白质合成中断而死亡。需要主要的是，二氧化氯虽然对灭杀藻类有良好的效果，但去除藻毒素的能力有限，且投量要严格掌握。除藻的同时要充分考虑微囊藻毒素等胞内污染物的释放与去除。有资料表明，在二氧化氯含量较低时，二氧化氯主要和水中的藻毒素发生反应，但当二氧化氯投量超过 1 mg/L 之后，就会优先和藻类发生反应，破坏藻类细胞，使胞内的毒素释放到水体，增加了水体中藻毒素的本底含量。

此外，二氧化氯氧化还有其他优点。

①与有机酸反应具有高度选择性，基本不与有机酸腐殖质发生氯仿反应，生成的可吸附有机卤物和三氯甲烷类物质基本可以忽略不计，且可以有效控制三氯甲烷前体物质。

②有效破坏水体中的微量有机污染物，如酚类、氯仿、四氯化碳等。

③有效氧化某些无机污染物。

④促进胶体和藻类脱稳，使絮状体有更好的沉降作用，强化常规工业的混凝效果，使

反应后的色度、浊度去除率提高。

⑤二氧化氯具有降低水臭味的能力，可有效降低出厂水的臭阈值，特别是能解决藻类繁殖的季节由加氯引起的出厂水的臭味问题。

由于二氧化氯与水中有机物发生反应有 50% ~ 70% 的 ClO_2^-，其余生成氯离子，故水中有机物含量越高，需投放二氧化氯消毒量就越大，而生成 ClO_2^- 也越多，对人体危害就越大。ClO_2^- 在人体中过量聚集将引起过氧化氢的产生，从而使血红蛋白氧化，造成溶血性贫血，因此饮用水的处理要严格控制二氧化氯投放量。在一般水体中，德国和挪威等国家规定二氧化氯消毒投放量为 0.3 mg/L。

二氧化氯在废水处理方面的应用与研究已有越来越多的报道。其机理大多是利用强氧化性氧化降解水中的有机污染物为少数挥发或不挥发的有机化合物，再降解为二氧化碳和水。二氧化氯在煤气废水、含硫废水、高浓度含氰废水、对氨基苯甲醚废水、苯酚和甲醛废水及印染废水的处理均取得了较好的结果。有资料表明，二氧化氯处理含硫废水，操作方便，安全可靠，硫化物去除率高，其处理效果不受废水 pH 和温度的影响，无二次污染，处理后的废水中的硫化物含量可达到排标准，它是一种简便高效的处理方法。二氧化氯催化氧化法是一种新型高效的催化氧化技术，它是利用二氧化氯氧化降解废水中的有机污染物，可直接矿化有机污染物为最终产物或将大分子有机污染物氧化成小分子物质，提高废水的可生化性。

（三）高锰酸钾氧化

高锰酸盐是一种强氧化剂，是一种有结晶光泽的紫黑色固体，易溶于水。早在 20 世纪五六十年代，国外就将高锰酸钾用于饮用水的处理，主要用于除铁、锰和除臭除味。哈尔滨工业大学李圭白院士于 1986 年首先提出用高锰酸钾去除水中的痕量有机物，后来开发出高锰酸钾复合药剂，通过高锰酸钾与助剂的协同作用，显著提高了除污能力，在我国一些水厂广泛应用。一般认为，高锰酸钾是通过吸附和氧化的共同作用去除饮用水水源中的微量有机污染物。它能将水中多种有机污染物氧化，饮用水水源中那些易被高锰酸钾氧化的有机物的去除效率与其被高锰酸钾的氧化的程度有关，其产物为二氧化碳、醇、酚、酮、羟基化合物等，这些物质均为"非三致物质"，可以在一定条件下去除微量有机污染物，能有效地破坏水中某些氯化消毒副产物的前驱物质，水的致突变活性下降，因而可以提高出厂水的毒理学安全性。

高锰酸钾应用于饮用水处理中，具有易于与传统工艺衔接，投加与控制设备安全可靠、操作方便等优点，因此，具有广阔的应用前景。但是，应用高锰酸钾去除浊度、有机污染物以及氧化助凝剂等，必须确定高锰酸钾的最佳投量。如果投加过量，则可观察到滤前水带有明显的淡红色，而且还增加了水中镁离子的含量，所以对其使用应采用相当谨慎的态度。

高锰酸钾作为强氧化剂在污水处理方面研究较少，但资料表明，高锰酸钾预氧化对洗车废水的含酚废水可以起到强化混凝的作用，少量高锰酸钾的投入可以大大节省混凝剂的投加，也可以减轻后续单元处理的负荷，有一定的实际应用价值。

（四）高铁酸钾氧化

高铁酸钾是深紫色固体，熔点为 198℃，溶于水形成紫色溶液。高铁酸钾是一种强氧化剂，在酸性和碱性中，标准电极电位分别为 2.20 V 和 0.72 V，酸性条件下的氧化电位很高，氧化能力：高铁酸钾＞臭氧＞过氧化氢＞高锰酸钾＞氯气、二氧化氯。高铁酸钾适用 pH 范围很广，在整个 pH 范围内都具有很强的氧化性。

高铁酸盐氧化技术在饮用水处理中具有以下优点。

①高铁酸钾预氧化具有显著的杀菌作用，对低温低浊水有显著的助凝作用和优良的除藻作用。

②高铁酸盐预氧化对水中微量有机污染物有良好的去除效果，许多种有机污染物能够被高铁酸盐有效地氧化，如乙醇、氢基化合物、氨基酸、苯、有机氮化合物、亚硝胺化合物、硫代硫酸盐、氯的氧化物、连氨化合物等，还可以有效地控制消毒副产物的前体物。

③高铁酸盐预氧化还对水中微量的铅、镉等重金属有明显的去除作用，重金属在水中的水解状态是影响微量重金属去除的重要因素，水解后的重金属易被高铁酸盐还原后产物吸附去除。

④高铁酸盐氧化与其分解后形成的水解产物吸附的协同作用能够有效地去除水中的污染物。

⑤采用先进高铁酸盐预氧化，明显优于高锰酸钾和氯预氧化的效果，且从二次污染角度考虑，高铁酸盐预氧化后，自身产生氢氧根离子和分子氧，其对水质无副作用。

高铁酸盐氧化技术在废水处理也有较多的研究报道。首先，高铁酸盐用于脱色除臭，优于其分解产物的吸附性，能较好地脱色除臭，能迅速地去除硫化氢、甲硫醇、氨等恶臭物质，能氧化分解恶臭物质；氧化还原过程产生的不同价态的铁离子可与硫化物生成沉淀而除去，氧化分解释放的氧气促进曝气，将氨氧化成硝酸盐，硝酸盐能取代硫酸盐作为电子接收体，避免恶臭物生成等。其次，高铁酸盐还可用于城市污水的深度处理，有资料表明，某城市污水二级处理出水中总含有机碳 12 mg/L，生物需氧量 2.8 mg/L 时，用 10 mg/L 剂量的高铁酸钾氧化处理后，可分别有 35% 和 95% 的去除率。由于高铁酸钾在絮状过程中投加的量小，所以产生的污泥量少，这为污泥的处理处置减轻了负担。此外，高铁酸钾可用于处理印染废水。高铁酸钾能氧化印染废水中的大分子有机物，特别是一些难生物降解的大分子有机物，降低 COD 浓度及色度。

高铁酸钾正以其独特的水处理功能吸引越来越多的学者和工程师研究其设备及应用开发，制备工艺不断优化，产品纯度和产率逐渐提高，应用领域逐步拓展，具有十分广阔的开发前景。

二、高级氧化技术

（一）臭氧氧化

臭氧在常温常压下是一种不稳定、具有特殊刺激气味的浅蓝色气体，需直接在现场制备使用。臭氧自 1876 年被发现具有很强的氧化性后，就得到了广泛的研究与应用，尤其是在水处理领域。

1. 氧化无机物

臭氧能够将氨及亚硝酸盐氧化成硝酸盐，也能将水中的硫化氢氧化成硫酸，从而减小臭味。常规的水处理对氰化物的去除效果不大，而臭氧则能很容易地将氰化物氧化成毒性小 100 倍的氰酸盐。

2. 氧化有机物

臭氧能够氧化许多有机物，如蛋白质、氨基酸、有机胺、芳香族化合物、木质素、腐殖质等。这些有机物的氧化过程中可能会产生一系列中间产物，从而造成 COD 和 BOD_5 的升高。为使有机污染物氧化彻底，必须投加足够的臭氧，因此单纯采用臭氧来氧化有机物一般不如生化处理经济。但在有机物浓度较低的水处理中，采用臭氧氧化法不仅可以有效地去除污染物，且反应快，设备小。此外，某些有机物，如某些表面活性剂，微生物无法使其分解，而臭氧却很容易氧化分解这些物质。

3. 消毒

臭氧分解产生的单个氧原子具有很强的活性，对细菌有极强的氧化作用。臭氧可分解细菌内部氧化葡萄糖所必需的酶，从而破坏细胞膜，将细菌杀死。多余的氧原子则会自行重新结合成为氧气。在这一过程中不产生有毒残留物，故臭氧称为无污染杀菌剂。它不但对大肠杆菌、绿脓杆菌剂杂菌等有消毒能力，而且对霉菌也很有效果。

4. 在饮用水处理中的应用

主要有以下 7 个方面的作用。

①除色。臭氧及其产生的活泼自由基 OH 使染料发色基团中的不饱和键（芳香基或共轭双键）断裂成小分子的酸和醛，生成了低相对分子质量的有机物，而且还能氧化铁、锰等无机有色离子成难容物，从来导致水体色度显著降低。此外，臭氧的微絮凝效应还有助于胶体和颗粒物的混凝，并通过过滤去除致色物。

②降低三卤甲烷生成势。臭氧用于饮用水处理时剂量一般为 1~4 mg/L，臭氧氧化后水中总有机碳（TOC）代表的有机物总量的变化并不明显，表明臭氧氧化一般很难将有机物完全矿化为无机物，而主要改变了有机物的结构和新性质，转化水中的大分子有机物，从而降低三卤甲烷的生成。

③提高生物降解性。臭氧氧化后的有机物随着相对分子质量的降低，羟基、羧基等所占比例增大，有机物的生物降解性能明显得到改善。臭氧预氧化能有效提高后续生物处理

工业对水中污染物的去除率。大量研究表明，具有非饱和构造的有机物难以生物降解，而具有饱和构造的有机物有较好的生物降解性能。

④除藻。臭氧是强氧化剂，可以杀死藻类或限制它们的生长，对藻毒素也有很好的去除效果，欧美一些发达国家今年陆续采用臭氧预氧化除藻。

⑤除臭味，水中的臭味主要由藻类、放线菌、真菌以及氯酚引起，臭氧能够有效降低这些致臭物的浓度。

⑥助凝作用。

⑦去除合成有机化合物，通过臭氧氧化反应可以降解多种有机微污染物，其中包括脂肪烃及其卤代烃物、芳香族化合物、酚类物质、有机胺化合物、染料和有机农药等。虽然，臭氧氧化技术具有独特的优势，然而，随着现代分析检测技术的进步和卫生毒理学研究的进展，臭氧氧化副产物对健康的影响引起了水处理者的关注。

（二）过氧化氢及 Fenton 氧化技术氧化

过氧化氢的标准氧化还原电位（酸性介质中 1.77 V，碱性介质中 0.88 V），仅次于臭氧（酸性介质中 2.07 V，碱性介质中 1.24 V），高于高锰酸钾、次氯酸和二氧化氯，能直接氧化水中的有机物和构成微生物的有机质。其本身只含有氢和氧两种元素，分解后成为水和氧气，使用中不会引入任何杂质。纯过氧化氢是淡蓝色液体，熔点 $-0.43℃$，沸点 $150.2℃$。在 $0℃$ 时液体的密度是 $1.4649\ g/m^3$，它的物理性质和水相似，纯过氧化氢性质比较稳定，在无杂质污染和良好的存储条件下，可以长期保存而只有微量分解。只有在约 $14℃$ 以上才开始分解。理想的存储容器通常用纯铝、不锈钢、玻璃、瓷器、塑料等材料组成。过氧化氢的水溶液的质量分数可以达到 86%，但要进行适当的安全处理。过氧化氢是一种弱酸，但它的稀水溶液却是中性的。可以以任意比例与水互溶，质量分数为 3% 的过氧化氢在医学上称为双氧水，具有消毒、杀菌的作用。

过氧化氢主要用于处理高浓度有机废水，如有机染料废水、造纸及纺织工业废水等，后来作为生物预处理技术，它能有效改善废水的可生化性。过氧化氢在含硫废水和含氰处理等方面也有了较多应用。对许多工业废水（如焦油精馏厂废水和玻璃纸厂废水）中硫化物，采用过氧化氢氧化法可以有效控制硫的排放。采用过氧化氢法处理含氰废水具有操作简单、投资省、生成成本低等优点。目前，已有较多的企业采用过氧化氢法处理炭浆厂的含氰矿浆和低浓度含氰排放水、尾库矿的含氰排放水和回水，以及堆浸后的贫矿堆和剩余堆浸液。

在饮用水处理中，过氧化氢分解速度很慢，同有机物作用温和，可保证较长时间的残留消毒作用；过氧化氢又可作为脱氯剂，不会产生有机卤代物。因此，过氧化氢是较为理想的饮用水预氧化剂和消毒剂。随着天然水中有机物污染越来越严重，近年已有不少研究和工程实践将其作为预氧化用于饮水处理。目前，过氧化氢常用于水中藻类、天然有机物和地下水中铁、锰的去除。过氧化氢对有机物的氧化无选择性，且可完全氧化为 CO_2 和 H_2O，但过氧化氢单独使用时反应速度很慢，对有机物去除作用不显著。在不同 pH 条件下，过氧化氢氧化有机物的能力差别很大，低 pH 时具有较强的氧化性。过氧化氢难以将天然有机物彻底氧化，而主要在一定程度上改变了有机物的构造，具有较强的助凝作用，因而在饮用水净化的实际应用时通常要与其他催化剂结合，进行高级氧化。

1. 过氧化氢的氧化性

过氧化氢分子中氧的价态是 –1，它可以转化成 –2 价，表现出氧化性；可以转化成 0 价，表现出还原性。

过氧化氢的氧化还原性在酸性、中性和碱性环境中是不同的，但无论哪种条件下都是一种强氧化剂。过氧化氢分解产物是水，因此作为一种绿色氧化剂而得到广泛使用。

2. 过氧化氢的不稳定性

过氧化氢在低温和高纯度时表现得比较稳定，但受热会发生分解。

$$2H_2O_2 \rightarrow 2H_2O + O_2$$

溶液中微量存在的杂质，如金属离子（Fe^{3+}、Cu^{2+}、Ag^+ 等）非金属氧化物、金属氧化物都能引发 H_2O_2 的均相和非均相分解。另外，pH、紫外光、温度等也能够引发 H_2O_2 的分解。为了减少和消除各种杂质对其分解的作用，一般保存或运输时，加入适量的稳定剂，如焦磷酸钠、锡酸钠、苯甲酸等。

3. 过氧化氢氧化的应用

由于过氧化氢较高的氧化电位（仅次于臭氧，高于高锰酸钾、次氯酸和二氧化氯），能够直接氧化水中一部分有机污染物、无机物以及构成微生物的有机物质，因而可以被用作理想的饮用水消毒剂，可以用来控制工业废水中的硫化物的排放，处理含氰废水等。

（1）UV/H_2O_2 技术

一般来说，有机物和过氧化氢的反应速度较慢，且因传质的限制，水中极微量的有机物难以被过氧化氢氧化，尤其对于高浓度、难降解的有机污染物，仅用过氧化氢效果并不好。紫外光的引入则大大提高了过氧化氢的氧化效果。

与单纯过氧化氢相比，UV/H_2O_2 体系具有更好的活性。影响 UV/H_2O_2 氧化反应的因素有 H_2O_2 的浓度、有机物的初始浓度、紫外光的强度和频率、溶液的 pH、反应温度和时间等。实验证明，UV/H_2O_2 体系有机污染物的质量浓度的使用范围很宽，但从成本来看并不适合处理高浓度工业有机废水。近年来，有学者讨论了 UV/H_2O_2 体系中加入如 TiO_2、ZnO 或 WO_3 等金属催化剂以强化污染物的降解。值得一提的是，虽然 UV/H_2O_2 体系能有效地去除废水中的污染物，但它有时也会产生一些有害的中间产物，对环境产生二次污染。

（2）Fenton 氧化技术

Fenton 试剂是由亚铁离子（Fe^{2+}）和过氧化氢组成的。Fe^{2+} 与过氧化氢发生反应，能够产生高反应活性的·OH。该试剂作为强氧化剂应用已有 100 多年的历史，在精细化工、医药卫生以及环境污染治理等方面得到广泛应用。

① Fenton 氧化技术的基本原理。Fenton 试剂最早在 1894 年由化学家芬顿（Fenton）

发现。其原理是亚铁离子催化双氧水生成大量的·OH。

②Fenton 氧化技术的影响因素。Fenton 氧化技术的主要影响因素有溶液的 pH、H_2O_2 及 Fe^{2+} 的浓度、反应温度、体系中存在的其他阴离子等。

③类 Fenton 氧化技术。最早的 Fenton 试剂仅指 H_2O_2 与 Fe^{2+} 的混合液。这种普通的 Fenton 反应需要在酸性条件下才具有较高的活性。而且存在矿化势垒，难以将有机污染物深度矿化。为了克服这些缺点，研究者对传统的 Fenton 试剂进行了改进。近些年来，研究者发现把紫外线或氧气、敏化剂等引入到反应体系中，可显著增强 Fenton 试剂的氧化能力，并节省 H_2O_2 的用量。

（三）光催化氧化

光催化氧化（photocatalytic oxidation）技术最近 20 世纪 70 年代出现的水处理新技术。1976 年，约翰·凯瑞（John.H.Carey）首先将光催化技术应用于多氯联苯的脱氯，从此光催化氧化有机物技术的研究工作取得了很大的进展，出现了众多的研究报告。20 世纪 80 年代后期，随着对环境污染控制研究的日益重视，光催化氧化法被应用于气相和液相中一些难降解污染物的治理研究，并取得了显著的成果。光催化氧化技术对多种有机物（如 4-氯酚、三氯乙酸、对苯二酚、乙醇）和无机物以及染料、硝基化合物、取代苯胺、多环芳烃、杂环化合物、烃类和酚类等进行有效脱色、降解和矿化，如 CN^-、S^{2-}、I^-、Br^-、Fe^{2-}、Ce^{2-} 和 Cl^- 等离子都能发生作用，很多情况下能将有机物彻底无机化，从而达到污染物无害化处理的要求，消除其对环境的污染及对人体健康的危害，并作为一种能量的利用率高、费用较低的新型污染处理技术逐渐受到人们的重视。

光催化降解技术中，通常是以 TiO_2、ZnO、Cds，WO_3，SmO_2、Fe_2O_3 等半导体材料为催化剂。在已知的光催化半导体材料中，TiO_2 不仅光催化活性优异，而且具有耐酸耐碱腐蚀、耐化学腐蚀、稳定性好、成本低、无毒等优点，成为应用最广泛的光催化剂。

目前，光催化氧化法已经较多地被利用到印染废水、含酚废水、抗生素废水、有机磷农药废水、垃圾渗滤液、生物制药废水、草浆纸厂等有机废水的处理研究，能有效地将废水中的有机物降解为 H_2O、CO_2、SO_4^{2-}、PO_4^{3-}、NO^{3-}、卤素离子等无机小分子，达到完全无机化的目的。此外，光催化氧化法还被应用于深度处理饮用水中的腐殖质、邻苯二甲酸二甲酯、环己烷、阿特拉津等的处理研究。目前应用较多的光催化氧化技术有 UV/O_3、UV/H_2O_2、$UV/H_2O_2/O_3$、UV/Tio_2、$UV/O_3/TiO_2$ 工艺等。

（四）催化湿式氧化

催化湿式氧化技术（catalytic wet air oxidation，CWAO）是一种治理有机高浓度废水的新技术。它指在高温、高压下，在液相中以空气中的氧气为氧化剂，在催化剂作用下，氧化水中溶解态或悬浮态的有机物或还原态的无机物的一种处理方法。使污水中的有机物、氨等分别氧化分解成 CO_2、H_2O 及 N_2 等无害物质，达到净化的目的。由于 WAO 工艺最初是由美国的齐默尔曼（Zimmermann）在 1944 年提出的，并取得了多项专利，故也称齐默尔曼法。

1. 催化湿式氧化技术的分类

根据催化剂在反应中存在的状态，可分为均相湿式空气催化氧化和非均相湿式空气催化氧化。

（1）均相湿式空气催化氧化

湿式催化氧化反应的研究工作最初集中在均相湿式催化氧化反应上，通过向反应液中加入可溶性的催化剂，以分子或离子形态对反应过程起催化作用。因此均相催化的反应过程较温和，反应性能好，有特定的选择性。目前，研究较多的催化剂是可溶性的过渡金属盐类。其中，铜的催化活性比较明显。这主要是由于在结构上，Cu^{2+} 外层具有 d^9 电子结构，轨道的能级和形状都使其具有显著的形成络合物的倾向，容易与有机物和分子氧的电子结构形成络合物，并通过电子转移，使有机物和分子氧的反应活性提高。也有研究表面，Cu^{2+} 的加入主要是通过形成中间络合物、脱氢以引发氧化反应自由基链，在均相催化剂的实际应用方面有成功的实例。均相催化氧化使用过渡金属盐类作为催化剂固然有它有利的一面，能够处理浓度较高的废水，但是后阶段需要对离子态的催化剂进行回收利用，否则造成二次污染，所以大多数情况下，用均相催化剂氧化并不是一种有竞争力的方法。

（2）非均相湿式催化氧化

这种技术中催化剂与废水的分离简便，避免了均相催化中催化剂的流失。非均相催化氧化就是氧化过程中使用固体氧化剂，催化剂的形状有球形、短柱形、蜂窝状等。该工艺采用浸渍法、溶胶 - 凝胶法、气相沉积法等方法将贵金属等催化剂负载到载体上，制备出非均相催化剂。常见的载体有氧化铝、石墨、活性炭及其金属氧化物等，而活性成分则为贵金属即过渡金属及其相关的化合物。非均相催化剂主要有贵金属系列、铜系列和稀土系列，近年来也有研究活性炭等固体催化剂，也取得了一定效果。贵金属系列对氧化反应具有很高的活性和稳定性，但成本较高；铜系列催化剂由于其高活性和廉价性也被广泛研究，但由于其在湿式氧化的苛刻条件下析出的问题，至今实际应用的报道较少；稀土元素在化学性质上呈现强碱性，表现出特殊的氧化还原性，且离子半径大，可以形成特殊结构的复合氧化物，在 CWAO 催化剂中，CeO_2 是应用广泛的稀土氧化物。它可以和贵金属耦合，提高贵金属表面分散度，降低成本，且具有出色的"储氧"能力；CeO_2 也可以和铜系催化剂结合，改变催化剂的电子结构和表面性质，提高催化剂的活性和稳定性。研究表明，CWAO 催化剂正向着多组分、高活性、廉价、稳定性好的方向发展。

2. 主要影响因素

（1）污染物的结构

大量的研究表明，有机物氧化与物质的电荷特征和空间结构有很大的关系，不同的废水有各自的反应活化能和不同的氧化反应过程，因此湿式空气氧化的难易程度也不同。兰德尔（Randall）等人总结了大量研究结果，认为氰化物、脂肪族和卤代脂肪族化合物、芳烃（如甲苯）、芳香族和含非卤代基团的卤代芳香族化合物（如氯酚）等容易氧化，而不含非卤代基团的卤代芳香族化合物（如氯苯和多氯联苯）则难以氧化。一般情况下，湿式空气氧化过程经历了大分子氧化成小分子的快速反应期和继续氧化成小分子中间产物的慢反应期两个阶段。研究发现，苯甲酸和乙酸为最常见的积累的中间产物，且较难被进一步氧化。

（2）温度

温度是湿式氧化过程中主要影响因素之一。温度越高，反应速率越快，反应进行得越彻底。同时，在封闭的反应体系中温度升高还有助于增加溶氧量及氧气的传质速度，减少液体的黏度，有利于氧反应的进行。但过高的温度又是不经济的。因此，操作温度通常控制在 150 ～ 280℃。

（3）压力

压力在反应中的作用主要是保证呈液相反应，所以总压应不低于该温度下的饱和蒸气压。

（五）超临界水氧化

超临界水氧化技术（supercritical water oxidation，SCWO）是麻省理工学院的莫德尔（Modell）教授在 20 世纪 80 年代提出的一种新型的有机废水处理技术，它以超临界水为介质，均相氧化分解有机物。在此过程中，有机碳转化为 CO_2，而硫、磷和氮原子分别转化为硫酸盐、磷酸盐和亚硝酸根离子或氮气。SOWO 技术作为一种针对高浓度难降解有害物质的处理方法，因其具有效率高、反应器结构简单，适用范围广，产物清洁等特点已受到广泛关注，是目前国内外的一个研究热点。超临界水氧化技术的主要原理是利用超临界水作为介质来氧化分解有机物此时，有机物和氧气的反应不会因相间转移而受到限制。同时，高的反应温度（建议采用范围为 400 ～ 600℃）也使反应速度加快，可以在几秒钟内对有机物达到很高的去除效率，且反应彻底。

通常条件下，水以蒸汽、液态水和冰三种状态存在，是一种极性溶剂，可以溶解包括盐类在内的大部分电解质，而对气体和大部分有机物溶解能力则较差，其密度几乎不随压力而改变。但是，若将温度和压力升高到临界点（T=374.3℃，p=22.05 MPa）以上，水的密度、介电常数、黏度、扩系数等就会发生巨大变化，水就会处于一种既不同于气态，也不同于液态的和固态的流体状态——超临界状态，此状态下的水称为超临界水。超临界水具有以下物理化学特性。

①水的介电常数通常情况下是 80，而在超临界状态下下降 2 左右，超临界水呈现非极性物质的性质，成为非极性物质的良好溶剂，而对无机物的溶解能力则急剧下降。

②氧气等气体在通常情况下，在水中的溶解低，但在超临界水中，氧气、氮气等气体，可以以任意比例与超临界水混合为单一相。

③气 - 液相界面消失，电离常数由通常的 10^{-14} 下降到超临界条件下的 10^{-23}，流体的

黏度降低到通常的 10% 以下，因此，传质速度快，向固体内部的细孔中渗透能力非常强。

SCWO 反应的基本原理是以超临界水为介质，氧化剂如 O_2 或 H_2O_2 与有机物发生反应，由于水在超临界状态下的特殊性质，使得上述反应能够在均一相中进行，不会因为相间的转移而受到限制。SCOW 反应属于自由基反应，在超临界状态下，有机污染物与氧化剂可形成自由基。SCOW 技术利用超临界水与有机物混溶的性质，具有多方面的优势。

①反应速度非常快，氧化分解彻底，一般只需要几秒至几分钟即可将发生中的有机物分解，并且去除率达 99% 以上。

②有机物和氧化剂在单一相中反应生成 CO_2 和 H_2O，出现在有机物中的杂原子氯、硫、磷分别被转化 HCl、H_2SO_4、H_3PO_4，有机氮主要形成 N_2 和少量 N_2O，因此 SCOW 过程无须尾气处理，不会造成二次污染。

③反应器体积小、结构简单。

④不需要外界提供热，处理成本低，若被处理的研究废水中的有机物浓度 3%（质量分数）以上，就可以直接依靠氧化反应过程中产生的热量来维持反应所需要的热能。

美国国家关键技术所列的六大领域之一"能源与环境"中指出，最有前途的污染控制技术之一就是超临界水氧化技术。随着 SCOW 研究的进一步深入，相信它将为环保物料转化和有机合成等领域提供崭新的、有光明前景的实用技术。

SCOW 处理范围很广，已经较多用于有机氮废水、卤化脂肪和卤代芳香类废水、农药废水、炸药废水、化学废水、焦化废水、电镀废水、选矿含氰废水、造纸废水、垃圾渗透液的处理，还可以用于分解有机物，如甲烷十二烷基磺酸钠等，均获得了很好的降解效果。

SCOW 作为一种绿色环保技术，在处理有毒、难降解和高浓度的有害物质上有众多优势，且目前其应用基础已经成形，国外也有实际的工业应用之例，但世界上很少有大规模处理污染物的 SCOW 工业装置，仍没有实现 SCOW 的大规模工业推广，这主要原因是仍有一些技术问题仍然没有解决。超临界水氧化反应器的腐蚀和结垢问题、盐沉积即反应器堵塞问题以及超临界水氧化的高耗能、高费用的问题严重阻碍了该技术在工业生产中的推广和发展，成为制约其工业的瓶颈，为了加快工业反应速率、减少反应时间、降低反应温度、优化反应网络，使 SCOW 能充分发挥自身的优势，许多研究者将催化剂引入 SCOW，开发了催化超临界水氧化技术。

（六）环境电化学技术

近年来，电化学技术（electrochemical technique）受到高度关注，成为环境科学与过程领域最重要的研究与发展方向之一。以电化学水处理方法的基本原理为基础，利用电极反应过程及其相关过程，通过直接和间接的氧化还原、凝聚絮凝、吸附降解和协同转化等综合作用，对水中有机物、重金属、硝酸盐、胶体颗粒物、细菌、色度、臭味等具有优良的去除效果。目前人们已应用电化学技术对废水中难生物降解有机物的去除进行了大量研究，并对降解过程提出了多种机理。

1. 基本原理

（1）氧化过程与机理

电化学催化氧化过程可分为直接氧化与和间接氧化两种。所谓直接氧化是指污染物吸附在阳极表面直接发生电子转移而被氧化的过程，一般在污染物浓度较高时发生。间接氧化是指通过电解液中一些媒介，或者利用电极表面产生的一些活性中间产物（如·OH、OCl^-、H_2O_2、O_3 等）来实现污染物的氧化降解。通过在电解液中添加一些媒介来氧化降解污染物的间接氧化法一般又称为媒介电化学氧化（mediated electrooxidation，MEO），常采用金属氧化物（如 BaO_2、MnO_2、CuO 和 NiO 等）作为媒介。它们悬浮在溶液中，在电化学过程被氧化成高价态，这些高价态物质氧化降解有机物，本身又被还原成原来的价态，实现一个氧化还原循环。

（2）还原过程与机理

阴极还原水处理方法是在适当电极和外加电压下，通过阴极和直接还原作用降解有机物（如还原卤）的过程；也可利用阴极的还原作用，产生 H_2O_2，再通过外加试剂发生 Fenton 反应，从而产生·OH，降解有机物（电 Fenton 反应）。

水在阴极（M）表面放电生成吸附态氢离子，与吸附在阴极表面的卤代烃分子发生取代反应使其脱卤。

2. 重要的电化学技术与方法

（1）电化学絮凝

电化学絮凝（electrochemical coagulate）又称电混凝，其原理是：将金属电极（铝或铁）置于被处理的水中，然后通以直流电，此时金属阳极发生电化学反应，溶出的 Al^{3+} 或 Fe^{2+} 等离子在水中水解生成的聚合物可发挥压缩双电层、电中和以及网捕作用。电极表面释放出的微小气泡加速了颗粒的碰撞过程，密度小时就会上浮而分离，密度大时则下沉而分离，有助于迅速去除废水中的溶解态和悬浮态胶体化合物。

通常，电化学反应器内进行的化学反应过程是极其复杂的。在电絮凝反应器中同时发生电絮凝、电气浮和电氧化过程，水中的溶解性物质，胶体和悬浮态污染物在混凝、气浮和氧化作用下均可得到有效转化和去除。

（2）光电组合催化技术

困扰 TiO_2 的光催化活性的一个问题就是电子—空穴对的复合。有研究表明，外加电场可以在光催化剂内部形成一个电位梯度，光生电子在电场的作用下迁移到对电极，使载流子得以分离，有效阻止了载流子在半导体上的复合，延长了空穴的寿命，有利于发挥光生空穴的氧化作用，提高了光催化反应的效率。因此，可将光催化剂负载在电极表面，借助于外加电场提高光催化反应效率，发挥光电协同作用。

（3）电渗析

电渗析的机理即依靠在电场作用下选择性透过膜的独特功能，使离子从一种溶液进入另一种溶液中，达到对离子化污染物的分离和浓缩。利用电渗析处理金属离子时并不能直接回收到固体金属，但能得到浓缩的盐溶液，并使出水水质得到改善。目前，电渗析技术研究较多的是单阳膜电渗析法。利用电极作为吸附表面，像传统吸附过程一样进行化学物质的回收，可以用来分离水中低浓度的有机物和其他物质。

（4）电吸附

电吸附是利用电极作为吸附表面，像传统吸附过程一样进行化学物质的回收。它可以用来分离水中低浓度的有机物和其他物质。为了维持较高的吸附特性，一般采用大比表面积的吸附电极。

3. 电化学技术在环境污染治理中的应用

（1）电化学技术在废水处理中的应用

①含无机污染物废水的处理。电化学方法适于处理多种含无机污染物的废水，如有毒重金属离子、氰化物、硫氰酸盐、硫酸盐、硫化物、氨等。近年来，随着环保标准中对排放液中金属离子的含量要求越来越严格，电化学处理稀废液成为研究重点，为其发展提供了机遇。

②含有机污染物废水的处理。电化学方法可以将有机污染物完全降解为 CO_2 和 H_2O，此过程被称为"电化学燃烧"。电化学方法处理有机污染废液的过程与电极材料、电极表面结构及负载情况、电解质溶液组成以及浓度等因素相关。其中，电极材料是最重要的因素，不同的电极材料具有不同的特殊催化特性，可以产生不同的反应或不同的氧化中间物质，因此电极材料的开发是电化学方法处理有机污染废液技术的关键。

（2）电化学技术在废气处理中的应用

采用电化学方法可处理净化热电厂排放的废气。电化学方法去除气态污染物包含两个步骤：一是气态污染物通过电解液被吸附或吸收；二是污染物直接在电极上发生电化学转换或利用均相、异相氧化还原媒介对污染物进行转换，使其转化为无害物质。目前研究较多的是对同时含有 SO_2 和 NO_x 的废气进行处理。

（3）电化学技术在土壤修复中的应用

利用电化学方法可以清除土壤或泥浆中的放射性物质、重金属、某些有机化合物或无机化合物。主要反应是阳极放氧和阴极放氢，离子则通过电迁移、对流和扩散在土壤中运动。若是重金属离子，则在阴极沉积而除去，若是有机污染物则在多孔土壤中作电渗流动，然后通过外抽提系统（如离子交换或化学沉淀）加以去除。电化学方法清除污染物的过程包括电迁移、电渗和电泳三种机制。目前，已有人采用电化学方法来去除土壤中的多种重金属、甲苯、二甲苯、酚类化合物和含氯有机溶剂等，但不利于不溶性有机污染物的去除。

4. 电化学技术的特点

（1）环境兼容性高

电化学技术中使用清洁、有效的电子作为强氧化还原试剂，是一种基本对环境无污染的"绿色"生产技术。由于界面电场中存在着极高的电位梯度，电极相当于异相反应的催化剂，因而减少了有可能因加催化剂而带来的环境污染。同时电化学过程有较高的选择性，可防止副产物的生成，减少污染物。

（2）功能性

电化学过程具有直接或间接氧化与还原、相分离、浓缩与稀释、生物杀伤等功能，能够处理微升到 $1 \times 10^6 L$ 的气、液体和固体污染物。

（3）能量高利用率

与其他一些过程相比，电化学过程可在较低的温度下进行。它不受卡诺循环的限制，能量利用率较高。通过控制电位、合理设计电极与电解池，可以达到减小能量损失的目的。

5. 环境电化学发展趋势

（1）融合工业生态学形成新体系

所谓环境污染，说到底是生态系统被有毒有害物质所破坏，致使人类赖以生存的环境恶化；或者污染物质进入生态系统，并沿食物链转移，循环和富集，最后进入人体，危害人类身心健康，最终造成生态灾难和环境危机。正因如此，城市生态系统中的生态环境保护格外引人注目，并催生了一门崭新的交叉边缘学科——工业生态学（industrial ecology），研究工业生产过程中环境影响因素对城市生态系统的综合效应，综合考察工业生产过程的工业代谢、环境设计、生命循环、绿色化学、污染防治、环境友好制造及可持续发展性。也就是说，工业生态学是建立在对自然资源的充分合理利用及资源回收利用之上的可持续发展的科学，其核心是环境设计与绿色化学，即由传统的末端治理污染方式转向以源头削减和全生产过程控制污染为特征的清洁生产。

有机电化学合成相对传统的有机合成具有明显优势。其一，电化学反应是通过反应物在电极上得失电子实现的，原则上不需要加入其他化学试剂，提高了反应效率，简化了分离过程。由于电子是最干净的试剂，因而从源头上减少了环境污染。其二，有机电合成反应是在常温常压下进行，能耗低，投资少，生产工艺简便，易于自动控制等，确实具有环境友好制造与可持续发展性。因此，将绿色电化学工艺技术与工业生态学融会贯通，形成一个全新的交叉学科新体系，可能是环境电化学发展的又一种趋势。

（2）能源材料微型化发展趋势

人类飞抵月球、分析原子和解开遗传密码这 3 项成果体现了 20 世纪科学技术的巨大进步与辉煌的成就。在这一浪潮中，电化学给阿波罗登月飞船提供了电源，绘出了电化学隧道扫描单原子层图谱。考虑能量转换与储藏，环境净化与检测，腐蚀与防护新材料的开发，电化学已发展成为控制离子、电子、量子、导体、半导体、介电体间的界面及本体溶液中荷电粒子的存在和移动的科学技术。特别是所属会员中人数最多的美国电化学会议（ECS），其学术活动已涵盖为 12 个部门：电池、腐蚀、介电科学和技术、电沉积、电子学、能源技术、高温材料、工业电解和电化学工艺、荧光和显示材料、有机生物电化学、物理电化学、传感器。其中固体离子学（solid state ionics）领域进展尤为显著，主要涉及新型能源与材料的研究和开发。

未来能源经济体系主要源自非化石燃料（non-fossil fuel）的清洁电源，燃煤燃油发电将急剧地减少，必将代之以利用氢能源或以风力发电机发电。大量的能量需求将联合屋顶的太阳罩与光电转换器，或以固定不动的燃料电池体系，在千家万户或商业楼群的屋顶上现场发电来满足。当阴雨天无光照时，通过电解水补充燃料电池需要的氢，并在光照充足时预先电解水储氢备用，从而建立起封闭型发电与消耗的能量分配与利用体系。小型（3P）电厂（personal power plants）或个人专用电厂几乎会再创野营的奇景。消费者也有可能将3P电厂富余的店出售而返回电网。一种更小型的生物应用型电源"micropower"，例如"种植"于人体中的电池，用作手术或用以杀伤癌细胞。一旦常温超导取得突破性进展，磁悬浮或空气悬浮等运输方式必将淘汰喷出大量尾气的内燃机运输方式。

纳米材料包括准零维纳米颗粒材料和纳米粉体材料，它们的粒径小于100 mm，是超微粉体材料（小于1 μm）最富有活力的组成部分，纳米管、纳米棒、纳米丝纳米电缆等被称为准一维纳米材料；纳米颗粒膜、纳米薄膜和纳米多层膜，属于准二维纳米材料的范畴；由纳米颗粒和纳米纤维构成的三维体材料，通常称为块体材料，这种材料纳米的结构单元是无规则分布的。近年来，纳米材料领域出现了一个新的趋势，这就是研究纳米结构的热潮，即将纳米结构单元如纳米晶、纳米颗粒、纳米管、纳米棒和纳米单层膜等，按照一定的规律规则地排列成二维和三维的结构，以便设计与合成更新型纳米材料用于节省资源和能源，或合理利用资源和能源，优化人类生存环境。

从以上介绍来看，与清洁环境密切相关的新型能源与材料日趋微型化，表明了环境电化学发展的必然趋势。

第三节　环境污染修复技术

一、环境污染修复技术概述

环境污染修复（pollution remediation）是指对被污染的环境采取物理、化学与生物的技术措施，使存在于环境的污染物质浓度减少、毒性降低或完全无害化，使得环境能够部分或者全部恢复到未污染状态的过程。

环境污染修复和传统的"三废"治理是不完全相同的。传统的"三废"治理强调的是点源治理，需要建造成套的处理设施，在最短的时间内，以最快的速度和最低的成本将污染物净化去除。而污染修复是最近几十年发展起来的环境工程技术，它强调面源治理。比如，对因生产、生活及事故等原因造成的土壤、河流、湖泊、海洋、地下水、废气和固体废物堆置场的污染治理等。污染预防、传统的环境治理（"三废"治理）和环境污染修复分别于污染控制的产前、产中和产后三个环节，它们共同构成污染控制的全过程体系我国大力重点治理整治三湖（太湖、巢湖、滇池）、三河（淮河、海河、辽河）、两区（酸雨控制区、二氧化硫控制区）、一市（北京市）、一湾（环渤海湾）等，并取得了明显的成效，为环境的修复积累了大量的经验。

染修复技术有不同的分类方法，按照环境污染修复的对象可分为土壤污染修复、水体污染修复、大气污染修复、固体废物污染修复四个类型；按照环境污染修复的技术可分为物理修复（physical remediation）、生物修复（bioremediation）和化学修复（chemical remediation）三种。

物理修复技术是环境污染修复技术中最传统的技术。它主要是利用污染物之间各种物理特性的差异，达到将污染物从环境中去除、分离的目的。它主要包括物理分离修复、蒸气浸取提修复、固定/稳定化修复、电动力学修复及热力学修复技术。

生物修复技术是指在人为强化的条件下，利用细菌、真菌、水生藻类、陆生植物等的代谢活性降解有机污染物，改变重金属的活性或存在形态，进而影响它们在环境中的迁移转化，减轻毒性。生物修复技术是20世纪80年代迅速发展起来的一项环境污染修复技术。1989年，美国阿拉斯加海鱼受到大面积石油污染，生物修复技术首次得到大规模应用并取得成功，可以认为阿拉斯加海滩溢油污染的生物修复技术是生物修复史上的里程碑。而且实践证明，采用生物修复技术与传统的物理、化学技术相比可以节省大量投资，可以就地进行，对周围环境的影响较小。

化学修复技术主要是通过加入到被污染环境中的化学修复剂与污染物发生一定发的化学反应，清除污染物或降低其毒性。化学修复剂可以使液体、气体，也可以是氧化剂、还原剂、沉淀剂、解吸剂或增溶剂。通常采用井注射技术、土壤深度混合和液压破裂等技术将化学物质渗透到土壤表层一下。根据污染物的类型和污染环境的特征，当生物修复在广度和深度上不能满足污染物修复的需要时才选择化学修复方法。

二、微生物修复技术

生物修复（Bioremediation）是近年来国内外在土壤污染治理的研究和实践过程中诞生的一个新名词，并逐步发展为一种治理环境污染的有效技术。

（一）生物修复技术原理

1. 生物修复技术的概念

有毒有害的有机污染物不仅存在于地表水中，而且更广泛地存在于土壤、地下水和海洋中。利用生物特别是微生物催化降解有机污染物，从而去除或消除环境污染的一个受控或自发进行的过程，称为生物修复。

大多数环境中都存在着天然微生物降解净化有毒有害有机污染物的过程。研究表明，大多数土壤内部含有能降解低浓度芳香化合物（如苯、甲苯、乙基苯和二甲苯）的微生物，只要地下水中含足够的溶解氧，污染物的生物降解就可以进行。但是在自然的条件下，由于溶解氧不足、营养盐缺乏和有效微生物生长缓慢等限制性因素，使以微生物作用为主的环境自然净化速度很慢，在环境的人工治理中需要采用各种方法来强化这一过程。就原理来讲，生物修复与生物处理是一致的，两个名词的区别在于生物修复几乎专指已被污染的土壤、地下水和海洋中有毒有害有机污染物的原位生物处理，旨在使被污染区域恢复"清洁"；而生物处理则有较广泛的含义。微生物降解技术在废水处理中的应用已有几十年的历史，而用于土壤和地下水的有机污染治理却是崭新的，有待大力发展的。

生物修复技术的出现和发展反映了污染防治工作已从耗氧有机污染物深入到影响更为深远的有毒有害有机污染物的治理，而且从地表水扩展到土壤、地下水和海洋。对于污染土壤采取生物修复的方法，是传统的生物处理方法的延伸，与物理、化学修复技术相比，具有以下优点：其一，处理成本低于物理化学方法以及热处理；其二，对植物生长所需的土壤环境不存在破坏作用，且处理过程中污染物的氧化比较完全，因此不造成二次污染；其三，处理效果好，尤其是对于低相对分子质量污染物，去除率非常高；其四，可对污染土壤进行原位处理，操作相对比较简单。由于以上原因，近年来，这种新兴的环境微生物技术，已受到环境科学界的广泛关注。

2. 用于生物修复的微生物类型

（1）土著微生物

微生物降解有机化合物的巨大潜力是生物修复的基础。由于微生物具有种类多、代谢类型多样，"食谱"广等特点，因此凡是自然界存在的有机物都能被微生物利用、分解。例如，假单胞菌属的一些种，能分解90种以上的有机物，而且可利用其中的任何一种作为唯一碳源和能源进行代谢，并将其分解。虽然目前大量出现，且数量日益上升的许多人工合成有机物对微生物是"陌生"的，但是因为微生物本身具有强大的变异能力，所以针对这些难降解、甚至是有毒的有机化合物，如杀虫剂、除草剂、增塑剂、塑料、洗涤剂等，陆续地都已找到能分解它们的微生物种类。自然界中存在着各种各样的微生物，在遭受有毒有害的有机物污染后，自然地存在着一个筛选、驯化过程，一些特异的微生物在污染物的诱导下产生分解污染物的酶系，或通过协同氧化作用将污染物降解转化。

目前在大多数生物修复工程中，实际应用的都是土著微生物，其原因一方面是由于土著微生物降解污染物的潜力巨大，另一方面也是因为接种的外来微生物在环境中难以保持较高的活性以及工程菌的应用受到较严格的限制。引进外来微生物和工程菌时必须注意这些微生物对环境土著微生物的影响。

（2）外来微生物

污染环境尤其是污染土壤中虽然存在许多土著微生物，但其生长速度缓慢，代谢活性不高，或者由于污染物的存在而造成土著微生物的数量下降，导致降解污染物的能力降低。因此，需要接种一些降解污染物的高效菌。例如，处理受2-氯苯酚污染的土壤时，只添加营养物，7 周内 2- 氯苯酚质量浓度从 245 mg/L 降为 105 mg/L，而同时添加营养物和接种恶臭假单胞菌（Pseudomonas putina）纯培养物后，4 周内 2- 氯苯酚的浓度即有明显降低，7 周后仅为 2 mg/L。

目前，用于生物修复的高效降解菌大多数为多种微生物混合而成的复合菌群，而且其中不少已被制成商业化产品。例如光合细菌（缩写为 PSB），这类细菌在厌氧光照下进行不产氧光合作用。其中红螺菌科（Rhodospirillaceae）光合细菌的复合菌群是目前得到广泛应用的 PSB 菌剂之一，具有即使在厌氧光照及好氧黑暗条件下都能以小分子有机物作为基质进行代谢和生长的特点，因而不仅对有机物有很强的降解转化能力，同时对硫氮素的转化也起了很大的作用。国内出售的许多 PSB 菌液、浓缩液、粉剂及复合菌剂，已经用于治理水产养殖水体及天然有机物污染河道并且显示出一定的成效。美国 Polybag 公司推出了 20 余种复合微生物的菌制剂，可分别用于不同种类有机物的降解，氨氮硝化等。还有 DBC（Dried Bacterial Culture）及美国的 LLMO（Liquid Live Microorganisms）生物活液等也已被用于污染河道的生物修复，后者含有芽孢杆菌、假单胞菌、气杆菌、红色假单胞菌等七种细菌。

（3）基因工程菌

自然界中的土著菌，虽然可以通过将污染物作为其唯一碳源和能源或以共代谢等方式，对环境中的污染物起到一定的净化作用，且有的甚至达到效率极高的水平，但是与日益增多的大量人工合成化合物相比而言，就显得有些不足。因此通过基因工程技术，将降解性质粒转移到一些能在污水和受污染土壤中生存的菌体内，从而定向构建高效降解难降解污染物的工程菌的研究具有重要的实际意义。采用细胞融合技术等遗传工程手段可以将多种污染物降解基因转入到同一微生物体中，使之获得广谱的降解能力。例如，将甲苯降解基因从恶臭假单胞菌转移给其他微生物，从而使受体菌在 0℃时也能降解甲苯。这种方法，解决了简单地接种特定天然微生物比较艰难而又不一定能很好地适应接种地环境的矛盾，是一种更为有效的技术手段。

基因工程菌（GEM）引入现场环境后，会与土著微生物菌群发生激烈的竞争，必须有足够的存活时间，其目的基因方能稳定地表达出特定的基因产物——特异的酶。如果在基因工程菌生存的环境中最初没有足够的合适能源和碳源，就需要添加适当的基质促进其增殖并表达其产物。引入土壤的大多数外源 GEM 在无外加碳源的条件下，很难在土壤中生存与增殖。目前分离出以联苯为唯一碳源和能源的多个微生物菌株，它们对多种多氯联苯化合物（PCBs）有共代谢功能，相关的酶有四个基因编码，这些酶将 PCBs 转化为相应的氯苯酸，这些氯苯酸可以逐步被土著微生物降解。由多氯联苯降解为二氯化碳的限速步骤是在共代谢氧化的最初阶段。联苯可为降解微生物提供碳源和能源，但其水溶性低和毒性强等特点给生物修复带来困难。解决这一问题的新途径是为目的基因的宿主微生物创建一个适当的生态位，使其能利用土著菌不能利用的选择性基质。

因此，要将这些基因工程菌应用于实际的污染治理系统中，最重要的是要解决工程菌的安全性的问题，用基因工程菌来治理污染势必要使这些工程菌进入到自然环境中，如果对这些基因工程菌的安全性没有绝对的把握，就不能将它应用到实际中去，否则将会对环境造成可怕的不利影响。目前在研制工程菌时，都采用给细胞增加某些遗传缺陷的方法或是使其携带一段"自杀基因"，使该工程菌在非指定底物或非指定环境中不易生存或发生降解作用。美、日、英、德等经济发达国家在这方面作了大量的研究，希望能为基因工程菌安全有效地净化环境提供有力的科学依据。科学家们对某些基因工程菌的考察初步总结出以下几个观点：基因工程菌对自然界的微生物和高等生物不构成有害的威胁，基因工程菌有一定的寿命；基因工程菌进入净化系统之后，需要一段适应期，但比土著种的驯化期要短得多；基因工程菌降解污染物功能下降时，可以重新接种；目标污染物可能大量杀死土著菌，而基因工程菌却容易适应生存，发挥功能。当然，基因工程菌的安全有效性的研究还有待深入。但是它不会影响应用基因工程菌治理环境污染目标的实现，相反会促使该项技术的发展。

3. 生物修复的影响因素

（1）微生物营养盐

在微生物的生长繁殖和代谢过程中需要碳源、氮、磷和多种无机盐类。有机污染物中含有大量的碳和氢，同时土壤中存在各种无机盐，基本可以满足降解过程中微生物的营养需求。因为氮、磷营养物是常见的微生物生长的限制条件，所以适量地添加不仅可以微生物活性提高，而且可以促进降解反应的进行。目前，在石油污染治理上的大量研究表明，补充氮、磷营养除了能够显著提高降解菌的数量和活性外，还可以缩短去除污染物所需的时间。

为达到良好的效果，在向修复对象（污染土壤和污染水体等）添加营养盐之前，必须首先确定营养盐的形式、浓度以及比例。目前，已经用于生物修复的营养盐类型很多，如铵盐、正磷酸盐、聚磷酸盐、酿造废液和尿素等，尽管很少有人比较过各种类型盐的具体使用效果，但已有的研究表明，其效果会因地而异。因为施肥是否能够促进有机物的生物降解作用，不仅取决于施肥的速度和程度，也取决于治理土壤的性质。

（2）电子受体

微生物的活性除了受到营养盐的限制外，污染物氧化分解的最终电子受体的种类和浓度也极大地影响着污染物生物降解的速度和程度。电子受体的缺乏常常成为影响生物活性的重要因子，因此需要进行补充以增强微生物的呼吸速率。对于好氧降解常用的补充氧的方法包括：土壤深耕，富氧水加注，气泵充氧或注入 H_2O_2 以释放游离氧。H_2O_2 在水中的溶解度约为氧的 7 倍，每分解 1 ml 能产生 0.5 mol 氧气，具有较好的充氧效果，相关研究和应用的报道较多。在缺氧条件下可以投加硝酸盐和碳酸盐作为替代的电子受体，比氧能更有效地提高降解菌的生物活性。也有研究者应用一种固体产氧剂提供游离氧，发现微生物的数量增加了 10 ~ 100 倍其活性也有了很大的增强生物氧化还原反应的电子受体主要包括氧、有机物分解的中间产物和含氧无机物（酸根和硫酸根）三大类。

土壤中氧的浓度有明显的层次分布，一般是好氧层、缺氧层和厌氧层从表面到深层依次分布。分子氧有利于大多数污染物的生物降解，是现场处理中的关键因素。然而由于微生物、植物和土壤微型动物的呼吸作用，土壤中的氧浓度要比空气中的低，而二氧化碳含量高。土壤微生物代谢所需的氧主要来自大气中氧的扩散，当空隙充满水时，氧传递会受到阻碍，当呼吸耗氧量超过复氧量时，就会变成土壤环境缺氧。黏性土会保留较多水分，因而不利于氧的传递。环境中有机物质的增加会提高微生物的活性，而微生物代谢强度的增加有可能造成环境缺氧。缺氧或厌氧时，兼性和厌氧微生物就成为土壤中的优势菌。土壤中溶解氧的情况不仅影响污染物的降解速度，也决定着一些污染物降解的最终产物形态。如某些氯代脂肪族的化合物在厌氧降解时，会产生有毒的分解产物，但在好氧条件下这种情况就较为少见。

在厌氧环境中，硝酸根、硫酸根和铁离子等无机物以及一些小分子有机物都可以作为有机物降解的电子受体。厌氧过程进行的速率比较缓慢，除甲苯以外，其他一些芳香族污染物（包括苯、乙基苯、二甲苯等）的生物降解需要很长的启动时间才能显现出效果，而且厌氧工艺的控制较为困难，所以一般不采用。但也有一些研究表明，许多在好氧条件下难于生物降解的重要污染物，包括苯、甲苯和二甲苯以及多氯取代芳香烃等，都可以在还原性条件下被降解成二氧化碳和水。另外，对于一些多氯化合物，厌氧处理比好氧处理更为有效，已有研究证实多氯联苯在受污染的底泥中可被厌氧微生物降解。目前，在一些实际工程中已有采用厌氧方法对土壤和地下水进行生物修复的实例，并取得良好效果。应用硝酸盐作为厌氧生物修复的电子受体时，应特别注意对地下水中硝酸盐浓度的限制，以免其通过生物转化和生物富集对人畜造成危害。

（3）共代谢基质

研究表明，微生物的共代谢（cometabolism）对一些难降解污染物的转化起着重要作用，因此，共代谢基质对生物修复有重要影响。据报道，一株洋葱假单胞菌（Pseudomonas cepacia G4）以甲苯作为生长基质时可以对三氯乙烯共代谢降解。有些研究者发现，某些分解代谢酚或甲苯的细菌也具有共代谢降解三氯乙烯、1，1-二氯乙烯、顺-1，2-二氯乙烯的能力。近来的研究表明，某些微生物能共代谢降解氯代芳香类化合物，已引起各国学者的广泛兴趣。共代谢机制的深入研究，有可能使许多原来认为难降解的有机污染物通过微生物的共代谢作用得到降解。因此，共代谢作用也成为环境生物修复的重要理论依据。

（二）生物修复技术的优、缺点

1. 生物修复技术的优点

（1）费用低

生物修复技术是所有处理技术中最经济的一种，其费用约为热处理费用的 1/3 ~ 1/4。20 世纪 80 年代末，采用生物修复技术处理每立方米的土壤需 95 ~ 260 美元，而采用热处理或填埋处理需 260 ～ 1050 美元。

（2）环境影响小

生物修复只是对自然过程的强化，不破坏植物生长所需要的土壤环境，土壤的物理、化学和生物性质保持不变甚至优于原有的性质。其最终产物是二氧化碳、水、脂肪酸等，不会形成二次污染或导致污染物转移，可以达到将污染物永久去除的目的，使土地的破坏和污染物的暴露减少到最低。

（3）可高效处理多种污染物

可处理各种不同性质的污染物，如石油、炸药、农药、除草剂、塑料等。生物修复技术可以将污染物的残留浓度降得很低，如某一受污染的土壤经生物修复技术处理后，苯、甲苯和二甲苯的总质量浓度降为 0.05 ～ 0.10 mg/L，甚至低于检测限度。

（4）处理形式灵活多样

生物修复可就地进行，且操作相对简单。当受污染的土壤位于建筑物或公路下面不能挖掘和搬出时，可以采用原位生物修复技术进行治理。因而，生物修复技术的应用范围有其独到的优势。

（5）应用范围广

生物修复技术不仅可应用于去除不同性质的土壤污染物，并可同时处理受污染的土壤和地下水。在环境科学界，生物修复技术被认为比物理和化学处理技术更具发展前途，它在土壤修复中的应用价值是难以估量的。根据预计，美国对生物修复治理的技术服务及其产品的需求，在今后若干年中的平均增长率可达 15%。

2. 生物修复技术的缺点

（1）微生物不能降解所有进入环境的污染物

污染物的难生物降解性、不溶性，以及与土壤腐殖质或泥土结合在一起等因素，常常会使生物修复难以进行。对于重金属及其化合物的治理，微生物也往往无能为力。

（2）生物修复需要具体考察

生物修复技术的应用需要对实施地点的状况和存在的污染物进行详细的考察，如在一些低渗透性的土壤中可能不宜使用生物修复技术，因为这类土壤或在这类土壤中的注水井会由于细菌过度生长而阻塞。

（3）生物修复的效果受微生物类型的制约

特定的微生物只降解特定类型的化学物质，污染物的结构稍有变化就可能不会被同一微生物酶转化降解。

（4）受各种环境因素的影响较大

生物修复过程将会受到各种环境因素的制约，因为微生物活性受温度、氧气、水分、pH 以及其他环境条件变化的影响。与物理法和化学法相比，生物修复技术治理污染土壤所需要的时间相对较长。

（三）污染控制微生物修复工程技术

污染土壤生物修复工程技术主要可分为三大类型，即原位处理、非原位处理和生物反应器工艺。

1. 原位处理法

原位修复技术是在不破坏土壤基本结构的情况下的微生物修复技术，有投菌法、生物培养法和生物通气法等。投菌法是指直接向污染土壤中接入高效降解菌，同时提供给这些微生物生长所需营养的过程。黄星京（Hwang）等人使用 3 种补充的营养液与分枝杆菌属一起注入土壤中，已经取得了良好的效果。李顺鹏等人在农药（如有机磷类等）污染土壤的微生物修复方面做了一系列工作，也取得了明显进展。生物培养法是定期向受污染土壤中加入营养和作为微生物电子受体的氧或 H_2O_2，以满足污染环境中已经存在的降解菌的需要，提高土著微生物的代谢活性，将污染物彻底地矿化为 CO_2 和 H_2O。生物通气法采用真空梯度井等方法把空气注入污染土壤以达到氧气的再补给，可溶性营养物质和水则经垂直井或表面渗入的方法予以补充。丁克强等人研究了通气对石油污染土壤生物修复的影响，结果表明，通气可为石油烃污染土壤中的微生物提供充足的电子受体，并可保持土壤 pH 稳定，从而促进微生物的生物活性，强化了对石油污染物的氧化降解作用。原位处理法是不需对污染土壤进行搅动、挖出和搬运，直接向污染部位提供氧气、营养物或接种微生物，以达到降解污染物目的的生物修复工艺。一般采用土著微生物处理，有时也加入经驯化和培养的微生物以加速处理。在这种工艺中经常采用各种工程化措施来强化处理效果，这些措施包括泵处理，也称 PT（pump/teatmemt）技术、生物通气、渗滤、空气扩散等形式。以 P/T 工艺为例，它主要应用于修复受污染的地下水和由此引起的土壤污染。该工艺需在受污染区域钻井，并分为两组，一组是注入井，用来将接种的微生物、水、营养物和电子受体（如 H_2O_2 等）等物质注入土壤中；另一组是抽水井，通过向地面上抽取地下水造成地下水在地层中流动，促进微生物的分布和营养等物质的运输，保持氧气供应。通常需要的设备是水泵和空压机。有的系统还在地面上建有采用活性污泥法等手段的生物处理装置，将抽取的地下水处理后再注入地下。

由于原位处理工艺采用的工程强化措施较少，处理时间会有所增加，而且在长期的生物修复过程中，污染物可能会进一步扩散到深层土壤和地下水中，因而比较适用于处理污染时间较长、状况已基本稳定的地区或者受污染面积较大的地区。

原位生物修复工艺的特点是：①工艺路线和处理过程相对简单，不需要复杂的设备；②处理费用较低；③由于被处理土壤不需搬运，对周围环境影响小，生态风险小。

2. 非原位处理法

该工艺是将受污染的土壤移离原地，在异地用生物的、工程的手段进行处理，使污染物降解，使受污染的土壤恢复到原有的功能，主要的工艺类型包括土地耕作、堆肥化和挖掘堆置处理。

（1）土地耕作工艺

就是对污染土壤进行耕耙，在处理过程中施加肥料，进行灌溉，施加石灰，从而尽可能为微生物代谢污染物提供一个良好环境，使其有充足的营养、水分和适宜的 pH，保证生物降解在土壤的各个层面上都能较好地发生。这种方法的优点是简易、经济，但污染物有可能从处理地转移。一般在污染土壤的渗滤性较差、土层较浅、污染物易降解时，采用这种方法。

（2）堆肥处理工艺

堆肥处理工艺的原理如同有机固体废弃物的堆肥化过程，将污染土壤与有机废物（木屑、秸秆、树叶等）、粪便等混合起来，依靠堆肥过程中微生物的作用来降解土壤中难降解的有机污染物，如石油、洗涤剂、多氯烃、农药等。操作方法是将污染土壤与水（至少有 35% 的含水量）、营养物、泥炭、稻草和动物肥料混合后，使用机械或压气系统充氧，同时加石灰以调节 pH。经过一段时间的发酵处理，大部分污染物被降解，标志着堆肥处理的完成。污染土壤经处理后，可返回原地或用于农业生产。

堆肥处理系统可以根据反应设备类型、固体流向和空气供给方式等分为风道式堆肥处理、好氧静态堆肥处理和机械堆肥处理等。

（3）挖掘堆置处理

挖掘堆置处理工艺是为了防止污染物继续扩散和避免地下水污染，将受污染的土壤从污染地挖掘起来，运输到一个经过各种工程准备（包括布置衬里，设置通气管道等）的地点堆放，形成上升的斜坡，进行生物恢复的处理技术，处理后的土壤再运回原地。

复杂的系统可以布置管道，并用温室封闭，简单的系统就只是露天堆放。有时先将受污染土壤挖掘起来运输到一个地点暂时堆置，然后在受污染的原地进行一些工程准备，再把受污染土壤运回原地处理。从系统中渗流出来的水要收集起来，重新喷洒或另外处理。其他一些工程措施包括用有机块状材料（如树皮或木片）补充土壤，例如在一受氯酚污染的土壤中，用 35 m³ 的软木树皮和 70 m³ 的污染土壤构成处理床，然后加入营养物，经过三个月的处理，氯酚质量浓度从 212 mg/L 降到 30 mg/L。添加这些材料，一方面可以改善土壤结构，保持湿度，缓冲温度变化，另一方面也能够为一些高效降解菌提供适宜的生长基质。将五氯酚钠降解菌接种在树皮或包裹在多聚物材料中，能够强化微生物对五氯酚钠的降解能力，同时还可以增加微生物对污染物毒性的耐受能力。

非原位治理技术工艺的优点是可以在土壤受污染之初及时阻止污染物的扩散和迁移，减少污染范围。但用在挖土方和运输方面的费用显著高于原位处理方法，另外在运输过程中可能会造成进一步的污染物暴露，还会由于挖掘而破坏原地点的土壤生态结构。

3. 生物反应器处理工艺

反应器处理修复工艺是将受污染的土壤挖掘起来，和水混合后，在接种微生物的生物反应装置内进行处理，其工艺类似污水的生物处理方法，处理后的土壤与水分离后，脱水处理再运回原地。处理系统排出的废水，一般需送到污水处理厂进行处理后才能最终排放。

高浓度固体泥浆反应器能够用来直接处理污染土壤，其典型的方式是液固接触式。该方法采用序批式运行，在第一单元中混合土壤、水、营养、菌种、表面活性剂等物质，最终形成含 20% ~ 25% 土壤的混合相，然后进入第二单元进行初步处理，完成大部分的生物降解，最后在第三单元中进行深度处理。现场实际应用结果表明，液固接触式反应器可以成功地处理有毒、有害、有机污染物含量超过总有机物浓度 1% 的土壤和沉积物。反应器的规模与土壤中污染物浓度和有机物含量有关，一般为 100 ~ 250 m^3/d。

由于以水相为主要处理介质，污染物、微生物、溶解氧和营养物的传质速度快，而且避免不利自然环境变化的影响，处理工艺的各项运行参数（如 pH、温度、氧化还原电位、氧气量、盐度等）便于控制在最佳状态，因此反应器处理污染的速度明显加快，但其工程复杂，处理费用较高。另外，在用于难生物降解物质的处理时必须慎重，以防止污染物从土壤转移到水中。

三、植物修复技术

植物修复（phytoremediation）。植物修复是以修复失忆植物忍耐和超积累某种或某些化学元素的理论为基础，利用植物及其根际圈共存微生物体系的吸收、挥发、降解和转化作用来清除环境中污染物的一项新兴的污染修复技术。

（一）植物修复的原理

植物修复主要是通过植物自身的光合、呼吸、蒸腾和分泌等代谢活动与环境中的污染物质和微生态环境发生交互的反应，从而通过吸收、分解、挥发、固定等过程，使污染物达到净化和脱毒的修复效果。

（二）典型污染物的植被修复

1. 有机污染物的植被修复

使用植被来修复有机污染物土壤源于人们观察到的一种现象：有机化合物在有植被土壤中的消失快于无植被的土壤，由此引发了人们对这种现象深入的研究。植被修复有机污染物主要有三种机理：直接吸收并积累非植物毒性的污染物；释放促进生物化学反应的分泌物，如酶等；根际的生物降解。目前，植物降解有机污染物的研究还多集中于水生植物方面。

2. 重金属的植被修复

重金属的植被修复技术是利用特定植物的提取作用、挥发作用及固定 / 稳定化作用，在稳定污染土壤、防止地下水二次污染的同时，使重金属污染物土壤得到修复。根据修复的机理，重金属污染的植被修复技术可以分为植被提取、植物挥发和植物稳定三个方面。

总的来说，植物修复环境友好并具有审美功能，还可以提高土壤的有机碳含量等。但植被修复过程较慢，目前研究的关键是筛选出超积累植物和改善植物的吸收性能，利用基因工程技术构建出高效去除污染物的植物等。

（四）化学修复技术

化学修复技术主要是通过加入到被污染环境中的化学修复剂与污染物发生一定发的化学反应，清除污染物或降低其毒性。化学修复剂可以使液体、气体，也可以是氧化剂、还原剂、沉淀剂、解吸剂或增溶剂。

1. 化学淋洗修复技术

活性淋洗修复技术是一种主要应用于污染土壤的修复技术。它是在重力作用下或通过水力压头的推动，将能促进土壤中污染物溶解或迁移的化学 / 生物化学溶剂注入被污染土层，使之与污染物结合，并通过溶剂的解吸、螯合、溶解或络合等物理化学作用使污染物处理。

（1）基本原理

土壤中的重金属或有机溶剂往往以吸附态存在，大大影响了大多数修复技术的修复效率。另外，在地下水层中，一些有机污染物还可以以非水相液体（non-aqueous phaesliquids，NAPLs）形式存在，NAPLs 容易深入到非均质的地下水层中不易治理的边角区域，或吸附在土壤颗粒表面，很难去除。为了增加污染物的溶解性和移动性，表面活性剂及共溶剂淋洗技术受到重视。

表面活性剂是指能够显著降低溶剂表面张力和液—液界面的张力并具有一定结构、亲水亲油特性和特殊吸附性能的物质。从结构看，所有的表面活性剂都是由极性的亲水基和非极性的亲油基两部分组成的。其亲水基与水相吸而溶于水，亲油基与水相斥而离开水。在水溶液中，表面活性剂将憎水基靠拢后分散在溶液相。当达到一定浓度时，表面活性剂单体急剧聚集，形成球状、棒状或层状的"胶束"。该浓度称为临界胶束浓度（critical micelle concentration，CMC）。低于此浓度，表面活性剂以单分子体方式存在于溶液中，高于此浓度，表面活性剂以单体和胶束的方式同时存在于溶液中。当胶束溶液达到热力学稳定时可形成微乳溶液。

根据"相似相容"原理，憎水性有机物有进入与它极性相同的胶束内部的趋势，因此当表面活性剂达到或超过 CMC 时，污染物分配进胶束核心。大量胶束形成，增加了污染物的溶解性，即表面活性剂的"增溶作用"。该技术就是利用表面活性剂的曾溶作用对水溶性小、生物降解缓慢的有机污染物及重金属实现了很好的去除，且已经得到了实际应用。

（2）影响因素

①表面活性剂的浓度。这个因素至关重要，因为表面活性剂的浓度不同，所起到的作用也不同。在表面活性剂浓度较低的时候，它也能吸附在土壤颗粒表面，起到一种修饰作用，反而促进污染物在土壤颗粒上的吸附。因此，工程设计时，应该计算发生吸附的表面

活性剂量，修复完成时，也必须冲洗残留的表面活性剂。

②土壤地质及水文特征。由于土壤淋洗法对含 20% ~ 30% 以上的黏质土壤效果不佳，因此应用该技术时，必须先做可行性研究，对于沙质、壤质土和黏土的处理可以采用不同的淋洗方法。工程实践时，也必须冲洗残留的表面活性剂。

③表面活性剂的种类。同一种表面活性剂对不同污染物的去除效果是不同的，对特的污染应该选择合适的表面活性剂。一般来说，非离子表面活性剂的淋洗效率高于阴离子表面活性剂，可能原因是：其一，阴离子表面活性剂的 CMC 较高，同等浓度下不容易形成胶束；其二，阴离子表面活性剂组分可能会在含水层中沉积，造成土壤的有机碳含量增加以及土壤的憎水性增加。

2. 可渗透反应格栅技术

可渗透反应格栅技术（permeable reactive barrier，PRB）是以活性填料组成的构筑物，垂直立于地下水水流方向，污水流经过反应格栅，通过物理的、化学的以及生物的反应，使污染物得以有效去除的地下水净化的技术。按照美国环保局的定义，可渗透反应格栅是一个反应材料的原位处理区，这些反应材料能够降解和滞留该墙体地下水的污染组分，从而达到治理污染的目的。反应材料一般安装在地下蓄水层中，使处于地下水走向上游的"污染斑块"中的污染物能够顺着地下水流以自身水力梯度进入处理装置。

第七章 新时期绿色化学与可持续发展

传统化学工业为人类提供了许多新材料，大大改善了人类的生活，但同时也破坏了人类的生存环境。化学正面临着可持续发展要求的严峻挑战。绿色化学和清洁生产在获取新物质的转化过程中充分利用每个原料原子，实现"零排放"，既可充分利用资源，又不产生污染，它是可持续发展的必由之路。本章即对绿色化学、清洁生产、可持续发展以及环境保护的发展趋势进行研究。

第一节 绿色化学

一、绿色化学的含义

绿色化学又称为环境无害化学、环境卫生友好化学和清洁化学，是指利用一系列化学原理来降低或消除在化工产品的设计、生产及应用中有害物质的使用和产生的一门科学。它是实现污染预防的基本的和重要的科学手段。绿色化学涉及许多化学领域，如合成催化、工艺、分离和分析监测等。

绿色化学是更高层次的化学，它的主要特点是"原子经济性"，即在获取新物质的转化过程中充分利用每个原料原子，实现"零排放"。因此，可以充分利用资源，又不产生污染。传统化学向绿色化学的转变可以看作是化学从"粗放型"向"集约型"的转变。绿色化学可变废为宝，可使经济效益大幅度提高，它是环境友好生产或清洁生产的基础，但它更注重化学的基础研究；绿色化学与环境化学既相关又有区别，环境化学研究对环境有影响的化学反应，而绿色化学研究与环境友好的化学反应。传统化学也有许多环境友好的反应，绿色化学继承了它们；对于传统化学中那些破坏环境的反应，绿色化学将寻找新的环境友好的反应来代替它们。

二、绿色化学的研究内容

目前，绿色化学及其带来的产业革命刚刚在全世界兴起，它对我国这样新兴的发展中国家是一个难得的机遇。绿色化学还刚刚起步，下面简要介绍一些该领域正在研究的问题。

（一）原子经济性

为了节约资源和减少污染，化学合成效率成了绿色化学研究中关注的焦点。合成效率包括两个方面：一是选择性（化学、区域、非对映体和对映体选择性）；另一个是原子经济性，即原料分子中究竟有百分之几的原子转化成了产物。美国的特罗斯特（Trost）教授在1991年首次提出反应的原子经济性的概念，他认为化学合成应考虑原料分子中的原子进入最终所希望产品中的数量。一个有效的合成反应不但有高度的选择性，而且必须具备较好的原子经济性，尽可能充分地利用原料分子中的原子。如果参加反应的分子中的原子100%都转化成了产物，实现"零排放"，则既充分利用了资源，又不产生污染。这是理想的绿色化学反应。

（二）绿色能源的来源

在设计绿色化学反应时要打开思路，要充分利用其他学科的成就，如依靠生物学方法获得绿色能源。

人类可以获得的绿色能源按其来源可以分为三类。

①太阳能，包括直接的太阳辐射能和间接来自太阳能的化石能源（煤、石油、天然气等）及生物质能、水力能、风能、海洋能。

②地球本身蕴藏的能源，包括储藏于地球内部的地热能，地球上的铀、钍等核裂变能源，氘、氚、锂等核聚变能源。

③地球和月亮、太阳等天体之间有规则的运动所形成的能量，如潮汐能。迄今为止，人类利用的能源主要是间接来自太阳的能量，过去长期用柴草，近百年来用煤炭和石油。

太阳和其他恒星都是由核聚变提供动力的。科学家们正在努力用人工造出这一聚变过程，首先在实验室，最终在工业规模上。由于聚变可以将普通水中存在的原子用作燃料，所以利用聚变过程提供动力能保证人类后代有充足的电力使用。这个目标是否能实现和何时实现，还无定论。

（三）环境友好的化学反应

在传统化学反应中常常使用一些有毒有害的原料，如氰化氢、丙烯腈、甲醛、环氧乙烷和光气等。它们严重地污染环境，危害人类的健康和安全。绿色化学的任务之一就是用无毒无害的原料代替它们来生产各种化工产品。

另外，科学家们也在研究如何以酶为催化剂，以生物质为原料生产有机化合物。酶促反应的条件大都比较温和，设备简单，选择性好，副反应少，产品性质优良，又不形成新的污染。因此，用酶催化是绿色化学目前研究的一个重点。

（四）采用无毒、无害的溶剂

挥发性有机化合物（VOC）广泛用作化学合成的溶剂，并在油漆、涂料的喷雾和泡沫塑料的发泡中使用，它们是环境的严重污染源。绿色化学研究的一个重点就是用无毒、无害的液体代替这些挥发性有机化合物作溶剂。

（五）计算机辅助的绿色化学设计

在设计新的绿色化学反应时，既要考虑产品性能好，又要价格经济，还要产生最少的废物和副产品，而且要求对环境无害，其难度之大是可想而知的。因此，化学家们在设计绿色化学反应时，要打开思路去考虑。

30 多年前，科里（Corey）和博索尼（Bersohn）就开始探索用计算机辅助设计有机合成。现在这个领域已经越来越成熟。具体做法是首先建立一个已知的有机合成反应尽可能全的资料库，然后在确定目标产物后，找出一切可产生目标产物的反应；接着把这些反应的原料作为中间目标产物，找出一切可产生它们的反应，依此类推，直到得出一些反应路线，它们正好使用预定的原料。在搜索过程中，计算机按制订的评估方法自动地比较所有可能的反应途径，随时排出适合的产物，以便最终找出价廉、物美、不浪费资源、不污染环境的最佳途径。

（六）造纸工业中的生物化学方法

造纸工业是国民经济不可缺少的重要部门。但是，造纸工业是我国环境污染最严重的三大产业之一，每年有毒、有害废水的排放量高达 50 亿吨，约占全国废水总量的 1/6，其中制浆黑液和漂白废水的总负荷占 90% 以上。

我国制浆造纸工业的原料主要是麦草，不是国外普遍使用的木材，因此，其污染问题不能通过简单地引进技术与装备来解决，必须发展新的无（少）污染制浆新技术，发展无（少）污染制浆漂白技术，从根本上消除废液污染源。无（少）污染制浆技术包括机械法制浆技术和生化法制浆技术，生化法制浆的得浆效率高，能耗低，污染很少，国内外均在加速研究。其原理是：从众多的微生物中筛选出高效、专一的分散纤维的菌种，经过各种生物技术处理，使之适应工业化大规模生产的水平。其中，生化法制浆又分为浸渍法制浆和酶法制浆。浸渍法是将细菌直接接种于纤维原料中，细菌在生长繁殖的同时分泌产生大量的酶，在酶的催化作用下使纤维分解。这种方法简单，但需要大型发酵设备。酶法是在一定设备条件下培养某种细菌，使其产生大量的酶，经一定生物技术处理，将酶浓缩后，加到纤维原料中，能通过酶解作用使纤维分散。机械法生化法两种方法均有使用。生化法制浆目前离大规模生产还有一定距离，另外，还存在占地面积大的缺点。

无污染漂白技术是用 ClO_2，或不含氯的物质如 O_2、H_2、O_2、O_3 等代替 Cl_2 作为漂白剂对纸浆在中高浓度条件下进行漂白，以代替目前我国造纸厂还在使用的严重污染环境的低浓度纸浆氯化漂白和次氯酸盐漂白。

（七）研制对环境无害的新材料和新燃料

工业的发展为人类提供了许多新材料，它们在不断改善人类的物质生活的同时，也产生了大量生活垃圾和工业垃圾，使人类的生存环境迅速恶化。为了既不降低人类的物质生活水平，又不破坏环境，必须研制对环境无害的新材料和新燃料，即绿色化学产品。绿色化学产品应该具有两个特征：产品本身必须不会引起环境污染或健康问题，包括不会对野生生物、有益昆虫和植物造成损害；当产品使用后，应该能再循环或易于在环境中降解成无害物质。

塑料是破坏我们环境的一大问题：掩埋它们将使之永久保留在土地中；焚烧它们会放出剧毒物质。我国也大量使用塑料包装，而且在农村还广泛使用塑料大棚和地膜。这类塑料制品造成的"白色污染"在我国也越来越严重。解决这个问题的根本出路在于研制可以自然分解或"生物降解"的新型塑料。目前，国际上已有一些成功的方法，如光降解塑料和生物降解塑料。

机动车燃烧汽油和柴油产生的废气是大气污染的一大根源。一些国家为保护环境，对汽油和柴油的质量制定了严格的规格指标。为此，汽油组成将发生变化，不仅要求限制汽油的蒸汽压、苯含量、芳香烃和烯烃含量等，还要求在汽油中加入相当数量的含氧化合物，比如甲基叔丁基醚（MTBE）、甲基叔戊基醚（TAME）。这种新配方汽油的质量要求已推动了生产汽油的有关石油化学化工的发展。

绿色化学的未来和整个化学学科一样有着广阔的前景。通常，化学研究是一个探索的过程，而不是一个结论。同样，绿色化学的基础是不断地改进、发现和发明，最终达到与环境友好的完美目标。

第二节　清洁生产

一、清洁生产的由来

（一）工业化带来的环境问题

传统的粗放式工业发展模式使自然资源造成了巨大消耗，目前很多资源已经枯竭，到了走投无路的地步，其后果使人类遭到了大气污染、水污染、有毒有害化学品的污染工业废气的污染主要来自冶金、电力、建材、化工行业。

工业废水的污染主要来自造纸、化工、纺织、电力、冶金、食品酿造行业，这些行业废水排放量占工业废水排放量的一半以上，废水中的 COD 主要来自冶金等行业的粉煤灰、采矿业的煤矸石和矿渣等我国工业生产存在着以下一些问题。

①产业结构不合理，使污染会长期存在，导致整体工业水平长期停留在粗放型经营阶段。

②工业布局不合理，城市集中了 80% 的工业企业，功能区划不清，不少产生污染的工厂建在居民区、文教区、水源地等环境质量要求较高地区，这样加重了工业污染的危害。技术水平、企业生产运营管理水平低，生产工艺陈旧落后，造成了企业高投入、浪费资源、

低产出、高消耗、低效率的状况，物料流失现象严重，增加了污染。

③中小企业众多，乡镇企业发展过快，而其工艺、技术相对较落后，设备简陋，操作管理水平低，会造成更多的污染。

（二）清洁生产的成因

由于工业生产规模的不断扩大，工业污染、资源锐减、生态环境破坏日趋严重。20世纪70年代人们开始广泛地关注由于工业飞速发展带来的一系列环境问题，采取了一些措施治理污染。一般采用的都是传统的末端治理方法。企业虽然在污染源排放口安置了治理污染物的设施，但是常常因为人力的短缺和较高的操作管理成本影响设施的使用和治理效率，加之管理的力度不够、执法不严导致一些废弃物直接排入环境。这样进行的环境保护污染治理工作，投入了大量的人力、物力、财力，结果并不十分理想。此时，人们意识到仅单纯地依靠末端治理已经不能有效地遏制住环境的恶化，不能从根本上解决工业污染问题。环境恶化的问题得不到有效的解决，在相当大的程度上制约了经济的进一步发展。

高消耗是造成工业污染严重的主要原因之一，也是工业生产经济效益低下的一个至关重要的因素。在工业生产过程中的原料、水、能源等过量使用导致的结果是产生更多的废弃物，它们以水、气、渣的任何一种形式排放环境，到了一定的程度就会造成对环境的污染。若是对废弃物进行末端处置，将要进行生产之外的投入，增加企业的生产成本。假如通过工业加工过程的转化，原料中的所有组分都能够变成我们需要的产品，那么就不会有废物排出，也就达到了原材料利用率的最佳化，达到经济效益和环境效益统一的目的。人们正在不断地努力缩小实际与理论最佳点的距离，同时考虑其他费用成本的最小化问题。从生产工艺的观点来看，原料、能源、工艺技术、运行管理是对特定生产过程的投入，它是影响和决定这一特定过程产品和工业废物产出的要素，改变过程的投入，可以影响和改变产出，即产品和工业废弃物的收率、组成、数量和质量，从而减少废弃物的产生量。

环境污染已严重威胁到人类的生存与发展。其中大气污染、水污染和有毒化学品污染危害尤为突出，而造成环境污染的重要来源是工业生产。人类经过多年的寻求探索，思考工业发展造成这些环境问题的根本原因，渴望寻求一条能够推进工业可持续发展的最佳途径：在发展工业的同时，削减有害物质的排放，减少人类健康和环境的风险，减少生产工艺过程中的原料和能源消耗，降低生产成本，使得经济与环境相互协调，经济效益与环境效益统一，走可持续发展道路就成为必然的选择，"清洁生产"是实施可持续发展战略的最佳模式。而人类科学技术进步为解决环境污染、降低消耗提供了新的技术手段，使"清洁生产"成为现实可能。

二、清洁生产的定义、内容与特点

（一）清洁生产的定义

为了保证在获得最大经济效益的同时使工业的工艺生产过程、产品的消费、使用以及处理对社会、生态环境产生最小的影响，1989 年，联合国环境署率先提出"清洁生产"，亦被称为"无废工艺""废物减量化""污染预防"，得到国际社会普遍响应，是环境保护战略由被动转向主动的新潮流。

1. 清洁生产的一般定义

清洁生产是在产品生产过程和产品预期消费中，既合理利用自然资源，把对人类和环境的危害减至最小又充分满足人们的需要，使社会、经济效益最大的一种生产方式；清洁生产是将污染整体预防战略持续地应用于生产全过程，通过不断改善管理和技术进步，提高资源综合利用率，减少污染物排放以降低对环境和人类的危害；清洁生产是一种新的创造性思想，该思想将整体预防的环境战略持续应用于生产过程／产品和服务中，以增加生态效率和减少人类及环境的风险。

2. 联合国环境联合署与环境规划中心给出的定义

联合国环境规划署与环境规划中心综合各种说法，采用了"清洁生产"这一术语来表证从原料、生产工艺到产品使用全过程的广义的污染防治途径，给出了以下定义：清洁生产是指将综合预防的环境策略持续地应用于生产过程和产品中，以便减少对人类和环境的风险性。对生产过程而言，清洁生产包括节约原材料和能源，淘汰有毒原材料并在全部排放物和废物离开生产过程以前减少它的数量和毒性；对产品而言，清洁生产策略旨在减少产品在整个生产周期过程（包括从原料提炼到产品的最终处置）中对人类和环境的影响。清洁生产不包括末端治理技术如空气污染控制、废水处理、固体废弃物焚烧或填埋，通过应用专门技术、改进工艺技术和改变管理态度来实现。

3.《中国 21 世纪议程》的定义

清洁生产是指既可满足人们的需要又可合理使用自然资源和能源并保护环境的实用生产方法和措施，其实质是一种物料和能耗最少的人类生产活动的规划和管理，将废物减量化、资源化和无害化，或消灭于生产过程之中。同时对人体和环境无害的绿色产品的生产亦将随着可持续发展进程的深入而日益成为今后生产的主导方向。

总之，清洁生产是时代的要求，是世界工业发展的一种大趋势，是相对于粗放的传统工业生产模式的一种方式，概括地说就是：低消耗、低污染、高产出，是实现经济效益、社会效益与环境效益相统一的 21 世纪工业生产的基本模式，清洁生产主要体现在以下几个方面。

①尽量使用低污染、无污染的原料，替代有毒有害的原材料。

②采用清洁高效的生产工艺，使物料能源高效益地转化成产品，减少有害于环境的废物量。对生产过程中排放的废物实行再利用，做到变废为宝、化害为利。

③向社会提供清洁的产品，这种产品从原材料提炼到产品最终处置的整个生命周期中，要求对人体和环境不产生污染危害或将有害影响减少到最低限度。

④在商品使用寿命终结后，能够便于回收利用，不对环境造成污染或潜在威胁。

⑤完善的企业管理，有保障清洁生产的规章制度和操作规程，并监督其实施。同时建设一个整洁、优美的厂容厂貌，要求将环境因素纳入设计和所提供的服务中。

（二）清洁生产的内容

清洁生产使自然资源和能源利用合理化、经济效益最大化，对人类和环境的危害最小化。通过不断提高生产效益，以最小的原材料和能源消耗，生产尽可能多的产品，提供尽可能多的服务，降低成本，增加产品和服务的附加值，以获取尽可能大的经济效益，把生产活动和预期的产品消费活动对环境的负面影响减至最小。对于工业企业来说，应在生产、产品和服务中最大限度地做到节约能源，利用可再生能源，利用清洁能源，开发新能源，实施各种节能技术和措施，节约原材料，利用无毒和无害原材料，减少使用稀有原材料，现场循环利用物料、废弃物减少原材料和能源的使用，采用高效、少废和无废生产技术和工艺，减少副产品降低物料和能源损耗，提高产品质量，合理安排生产进度培养高素质人才，完善企业管理制度，树立良好企业形象。

清洁生产包括以下四方面内容。

①清洁能源：包括新能源开发、可再生能源利用、现有能源的清洁利用以及对常规能源（如煤）采取清洁利用的方法，如城市煤气化、乡村沼气利用、各种节能技术等。

②清洁原料：少用或不用有毒有害及稀缺原料。

③清洁的生产过程：生产中产出无毒、无害的中间产品，减少副产品，选用少废、无废工艺和高效设备减少生产过程中的危险因素（如高温、高压、易燃、易爆、强噪声、强振动声），合理安排生产进度，培养高素质人才，物料实行再循环，使用简便可靠的操作和控制方法，完善管理等，树立良好的企业形象。

④清洁的产品：节能、节约原料，产品在使用中、使用后不危害人体健康和生态环境，产品包装合理，易于回收、复用、再生、处置和降解。使用寿命和使用功能合理。

（三）清洁生产的特点

清洁生产包含从原料选取、加工、提炼、产出、使用到报废处置及产品开发、规划设计、建设生产到运营管理的全过程所产生污染的控制。执行清洁生产是现代科技和生产力发展的必然结果，是从资源和环境保护角度上要求工业企业一种新的现代化管理的手段，其特点有如下4点。

1. 是一项系统工程

推行清洁生产需企业建立一个预防污染、保护资源所必需的组织机构，要明确职责并进行科学的规划，制定发展战略、政策、法规。是包括产品设计、能源与原材料的更新与替代、开发少废无废清洁工艺、排放污染物处置及物料循环等的一项复杂系统工程。

2. 重在预防和有效性

清洁生产是对产品生产过程产生的污染进行综合预防，以预防为主，通过污染物产生源的削减和回收利用，使废物减至最少，以有效地防止污染的产生。

3. 经济性良好

在技术可靠前提下执行清洁生产、预防污染的方案，进行社会、经济、环境效益分析，使生产体系运行最优化，即产品具备最佳的质量价格。

4. 与企业发展相适应

清洁生产结合企业产品特点和工艺生产要求，使其目标符合企业生产经营发展的需要。环境保护工作要考虑不同经济发展阶段的要求和企业经济的支撑能力，这样清洁生产不仅推进企业生产的发展，而且保护了生态环境和自然资源。

三、清洁生产的评价方法

评价一项清洁生产技术主要是与它所替代的生产技术进行相应的比较，有时也需要在不同的清洁生产技术方案之间进行权衡。

（一）技术评价

技术评价的目的在于确定某项成果技术的先进性和优越性，估量某个方案是否现实可行；是否适应当地、当时的实际情况；需要具备哪些具体条件以及对目前的生产可能造成的影响。技术评价的内容主要有：技术的先进性；技术的安全、可靠性；对设备的要求；操作控制的难易等。技术评价应突出重点，主要选择与被替代技术有明显差别的内容加以比较，不但应征求专家的意见，也应广泛吸收操作、管理人员的意见。技术评价涉及的方面很多，往往难以进行定量化的计算，目前常用定出权重逐项打分汇总的方法，以尽可能地保证评价结果的客观性。而且，专家们也在开发利用新的计算机系统，将主观因素降至最低限度。

（二）经济评价

经济评价在于估算开发和应用清洁生产技术过程中，各种费用和所节约的费用以及获得的各种附加效益，以确定该项技术在经济上的可赢利性或者可承受性。评价方法采用动态分析和静态分析相结合，以动态分析为主。进行经济评价需要完成大量的工作，评价的深度和细微程度可视项目的规模大小及其损益程度是否明显而定。评价的内容也可主要针对清洁生产技术方案及其替代方案的不同部分。

（三）环境评价

对一项技术或者方案所进行的环境评价，立足于两个基本点：一是它所涉及的环境保护法规以及是否能够或者在何种程度上能够满足这些环境保护法规的要求；二是评价它的环境性能以判断是否能够促进可持续发展。

综上所述，一项清洁生产技术要能得到实施，首先要技术上可行，其次是要能满足环境法规的要求，达到节能、降耗、减污的目的，第三是在经济上要有利可得，实现三个效益的统一。

第三节　可持续发展战略

一、可持续发展战略的含义

"可持续发展"一词在国际文件中最早出现于 1980 年由国际自然保护同盟制订的《世界自然保护大纲》，其概念最初源于生态学，指的是对于资源的一种管理战略。其后被广泛应用于经济学和社会学范畴，加入了一些新的内涵。在《我们共同的未来》报告中，"可持续发展"被定义为"既满足当代人的需求又不危害后代人满足其需求的发展"，是一个涉及经济社会、文化、技术和自然环境的综合的动态的概念。该概念从理论上明确了发展经济同保护环境和资源是相互联系、互为因果的观点。

可持续发展观念鲜明地表达了两个基本观点：一是人类要发展，尤其是穷人要发展；二是发展应有限度，不能危及后代人的发展。可持续发展包含了当代与后代的需求、国家主权、国际公平、自然资源、生态承载能力、环境与发展相结合等重要内容。它首先是从环境保护角度来倡导保持人类社会的进步与发展。它号召人们在增加生产的同时，必须注意生态环境的保护与改善。它明确提出要变革人类沿袭已久的生产与消费方式，并调整现行的国际经济关系。

二、可持续发展战略的基本原则

可持续发展是一种新的人类生存方式，贯彻可持续发展战略必须遵从一些基本原则。

（一）公平性原则

可持续发展强调发展应该追求两方面的公平。一是本代人的公平即代内平等。可持续发展要满足全体人民的基本需求和给全体人民机会以满足他们要求较好的生活的愿望。当今世界的现实是一部分富足，而占世界 1/5 的人口处于贫困状态；占全球人口 26% 的发达国家耗用了占全球 80% 的能源、钢铁和纸张等。这种贫富悬殊、两极分化的世界不可能实现可持续发展。因此，要给世界以公平的分配和公平的发展权，要把消除贫困作为可持续发展进程特别优先的问题来考虑。二是代际间的公平即世代平等。要认识到人类赖以生存的自然资源是有限的。本代人不能因为自己的发展与需求而损害人类世世代代满足需求的条件——自然资源与环境，要给世世代代以公平利用自然资源的权利。

（二）持续性原则

持续性原则的核心思想是指人类的经济建设和社会发展不能超越自然资源与生态环境的承载能力。这意味着，可持续发展不仅要求人与人之间的公平，还要顾及人与自然之间的公平。资源与环境是人类生存与发展的基础，离开了资源与环境就无从谈及人类的生存与发展。可持续发展主张建立在保护地球自然系统基础上的发展，因此发展必须有一定的限制因素。人类发展对自然资源的耗竭速率应充分顾及资源的临界性，应以不损害支持地球生命的大气、水、土壤、生物等自然系统为前提。换句话说，人类需要根据持续性原则调整自己的生活方式确定自己的消耗标准，而不是过度生产和过度消费。发展一旦破坏了人类赖以生存的物质基础，发展本身也就衰退了。

（三）共同性原则

鉴于世界各国历史、文化和发展水平的差异，可持续发展的具体目标、政策和实施步骤不可能是唯一的。但是，可持续发展作为全球发展的总目标，所体现的公平性原则和持续性原则，则是应该共同遵从的。要实现可持续发展的总目标，就必须采取全球共同的联合行动，认识到我们的家园——地球的整体性和相互依赖性。从根本上说，贯彻可持续发展就是要促进人类之间及人类与自然之间的和谐。如果每个人都能真诚地按"共同性原则"办事，那么人类内部及人与自然之间就能保护互惠共生的关系，从而实现可持续发展。

三、可持续发展战略的特点

可持续发展认为发展与环境保护相互联系，构成一个有机整体。

（一）可持续发展突出强调发展

发达国家也好，发展中国家也好，都应享有平等的、不容剥夺的发展权，对于发展中国家，发展更为重要。事实说明，发展中国家正经受来自贫穷和生态恶化的双重压力，贫穷导致生态恶化，生态恶化又加剧了贫穷。因此，可持续发展对于发展中国家来说，发展是第一位的，只有发展才能解决贫富悬殊、人口猛增和生态危机等问题，提供必要的技术和资金，最终走向现代化和文明。

（二）可持续发展要求提高环境意识

实施可持续发展的前提，是人们必须改变对自然的传统态度，即从功利主义观点出发，为我所用，只要对人类是需要的就可以随意开发使用。而应树立起一种全新的现代文明观念，即用生态的观点重新调整人与自然的关系，把人类仅仅当作自然界大家庭中一个普通的成员，从而真正建立起人与自然和谐相处的崭新观念。这仅依靠个别人不行，少数人也不行，只有使之成为公众的自觉行为，因此，要使环境教育适合可持续发展。

随着全球环境问题的加剧，环境因素的影响已远远超出环境领域的范畴，更渗入到国家安全的领域。环境外交被作为建立世界新秩序和构造未来国际格局的重要内容，成为国际合作的重要组成部分。越来越多的国家意识到加强环保国际合作，是维护人类文明可持续发展的一个根本前提。

（三）可持续发展与环境保护紧密相连

可持续发展把环境建设作为实现发展的重要内容，因为环境建设不仅可以为发展创造出许多直接或间接的经济效益，而且可为发展保驾护航，向发展提供适宜的环境与资源。可持续发展把环境保护作为衡量发展质量、发展水平和发展程度的客观标准之一，因为现代的发展与现实越来越依靠环境与资源的支撑，人们在没有充分认识可持续发展之前，环境与资源正在急剧地衰退，能为发展提供的支撑越来越有限了，越是高速发展，环境与资源越显得重要；环境保护可以保证可持续发展最终目的的实现，因为现代的发展早已不是仅仅满足于物质和精神消费，同时把为建设舒适、安全、清洁、优美的环境作为实现的重要目标进行不懈努力。

（四）可持续发展要求改变传统的生产方式和消费方式

可持续发展就是要及时坚决地改变传统发展的模式，即首先减少进而消除不能使发展持续的生产方式和消费方式。它一方面要求人们在生产时要尽可能地少投入、多产出；另一方面又要求人们在消费时尽可能地多利用、少排放。因此，我们必须纠正过去那种单纯靠增强投入、加大消耗实现发展和以牺牲环境来增加产出的错误做法，从而使发展更少地依赖有限的资源，更多地与环境容量有机地协调。

第四节　环境保护的发展趋势

一、世界环境保护的发展趋势

随着世界人口的不断增长和全球经济的高速发展，环境问题越来越受到人们的关注。环境在未来的变化情况如何，以及怎样保证全球环境能让人类持续繁衍下去，是当前人们极为关注的重大课题，也是环境学研究面临的重要领域之一。

（一）人口激增仍是世界环境恶化的根源

据测算，全世界平均年增加 1 亿人口。人口激增对环境资源库的第一个冲击和压力就是要增加对粮食的需求。粮食是人类生存和社会发展的一个重要因素，缺乏充足的食物，就会使居民更加容易感染疾病，使劳动能力受到限制，并使儿童身心发育受到损害，最终影响到人口质量和人类的健康繁衍。严重的粮荒同时也会影响地区的、国家的乃至全世界的社会安定。然而，据世界银行估计，由于人口的增长，世界范围内特别是一些发展中国家缺粮的状况将变得更加严重，营养不良的人数将不断增加。同时，人口增加对环境资源库的其他资源，如空气、水、土壤、物种、能源以及气候等，同样产生巨大的冲击和压力。

当然，发达国家与发展中国家的人口基数不同，人口的自然增长率不同，经济技术基础相差悬殊，所以这两类国家的环境变化发展趋势也是不同的。

（二）发达国家环境问题变化趋势的特点

发达国家迅速的经济发展是以资源的巨大而高速的消耗为依托的，必然伴随着出现严重的环境问题。

1. 加剧全球性的环境问题

发达国家为解决或避免产生国内的污染问题，向发展中国家进行污染行业的投资与污染物排放的转嫁。在世界经济结构未发生重大变化的现在和将来，发达国家经济的高速增长，必然产生更多的废物，使全球的污染明显加剧。一些本来在发达国家内禁止兴办的、对环境有严重污染与危害的企业，因其经济效益高而转移至发展中国家。这些企业除经常性的污染外，一旦发生事故，就会出现灾难性的危害，美国联合碳化物公司在印度博帕尔市开办的农药厂就是典型的例子。

2. 城市环境问题转向室内

发达国家随着经济的发展，人民的收入普遍提高，并要求舒适的居住条件，家家户户装设室内空调系统，而为了节约能源，又必须进一步改善房子的密闭性能。这样，住房对人体健康就会产生新的危害，引起一种称为"密闭建筑综合征"的疾病。另外各种新型的装饰和装修材料纷纷进入家庭，其中的化学物质对人体的不良影响也时有报道。

总而言之，发达国家环境问题发展趋势的特点是：人口增加不多，但国民生产总值由于基数大，人均消耗地球自然资源的数量也大，不仅消耗本国的自然资源，而且通过不公平的国际经济活动耗用发展中国家的自然资源。同时，还利用雄厚的经济力量和先进的科学技术，使本国的某些环境污染问题以及某些生态破坏问题获得较好的治理和解决，但由于资源消耗的急剧增加，排出的废物增多，对全球范围的污染和环境的破坏将更为严重。因此，从历史发展的角度来看，发达国家在解决全球环境问题上应负主要责任，应承担与其责任相适应的义务。

3. 继续增加对自然资源的消耗与破坏

发达国家为保持其高度发展的经济，必然以消耗其本国的自然资源和通过不公平的经济交往耗用发展中国家的自然资源为前提，造成全球环境资源库的破坏与萎缩，主要有下列几方面。

①大量优质耕地被继续侵吞。城市、工业、交通、水库、旅游等行业将激烈地与农业争夺土地。

②发达国家的能源消耗，仍在全世界能耗中占着绝对的份额。虽然发达国家森林面积的减少不多，但由于巨大经济活动的需要，人均国内木材的消耗量仍不比严重缺柴的发展中国家少多少，此外，还要通过不公平的国际经济活动进口大量木材。日本在每年发布的白皮书中也承认，为保证给国内工业发展提供原料，每年进口的热带森林圆木占此项世界贸易总量的52%，而这些原料均来自东南亚和拉丁美洲。这样，发达国家既保护了本国的自然资源，又满足了经济发展的需要。

（三）发展中国家环境问题变化趋势的特点

发展中国家人口基数大，增长快，而经济基础薄弱，技术落后。目前，又多处在发展国民经济的起步阶段和城市化进程加速发展的时期因此，其环境问题变化趋势的特点如下。

①人口多、增长快、经济不发达，仍然是发展中国家产生环境问题的主要根源。发展中国家人口基数本来就很大，且其增长率又高，而发展中国家国民生产总值的增长数占世界总增长数的比重却很低。因此，人口多和贫困仍然是发展中国家环境问题的主要根源。

②超高速的城市化进程使城市污染问题异常严重。发展中国家为了摆脱贫穷落后的桎梏，致力于经济建设，国民生产总值的平均增长率远高于发达国家。经济高速发展必然导致人口分布的变化，即人口城市化。城市是经济和技术集中的地方，处于经济发展高峰的发展中国家的城市，经济效益高，就业机会多，从而吸引大批的农民转向城市，造成发展中国家的城市人口在 50 年内，由不足发达国家城市人口的一半，一跃而成为发达国家城市人口的 1 倍。其中有些城市人口增长得更快，在 40 年时间内增加 6 倍以上，平均每 10 年增长 1.5 倍。城市化进程虽然可以促进经济的高速展，获得更高的经济效益，但由于发展中国家经济落后资金不足，对人口增加所的住房、道路、交通、给排水、垃圾处置、文化教育、医疗卫生、通信等设施却无能为力，致使出现大片贫民窟，那里住房紧张、交通拥挤、污染严重、卫生条件恶劣、疾病横生，十分容易发生大规模的传染病，从而极不利于市民的正常生活。城市人口超高速增加，使城市的机能发生改变，出现了城市人口膨胀化的状况。同时，还伴随着汽车数量的增加，使交通更加拥挤，空气污染空前严重。总之，发展中国家超高速的城市化，对城市环境形成巨大的冲击与压力，即便耗费巨额投资，也难维持目前的市政服务设施的人均水平和保持目前的环境质量。

③加速对自然资源的消耗。发展中国家近年来经济增长快，但技术落后，必然使自然资源的消耗大、浪费多和废物的排出量大，从而对环境资源库和自然生态系统造成严重的破坏和污染。首先，对食物需求量的增加，必然导致过度放牧过度耕种和过度捕猎，从而造成土壤退化，耕地减少和物种减少。其次，为了发展经济开发资源建设城市和偿还债务，过度砍伐造成森林减少。

④牺牲环境换取经济发展，继续沿袭发达国家先污染后治理的老路。由于经济实力不够，技术落后，发展中国家无多余的财力治理目前的环境污染，而且建设资金不足，强烈盼望引进国外投资项目，往往不恰当地满足外商获取高额利益的要求同意在不适宜的地理位置，采用不合适的甚至落后的工艺生产，并在没有相应的污染治理设施的情况下投产。对内，为了利用私人或小集体的资金发展经济，对他们所兴办的企业造成的污染，缺乏严格的管理和限制，错误地认为只要经济发展了，资金充裕了，环境污染的问题便迎刃而解，殊不知许多对环境的污染与破坏是不可逆转的。如此种种，只会导致发展中国家的环境污染在一段时间内将变得更加严重。

⑤发展中国家环境保护已起步并受到重视。20 世纪 70 年代初的第一次人类环境会议，

虽然有许多国家参加了，但是不少国家的政府仍没有给予足够的重视，公众和企业界也没有意识到环境保护的重要性。近 50 年来的发展使情况有了很大改变：一方面发展中国家国内的环境问题已经成为制约其经济发展的一个重大因素；另一方面要想取得国际上的援助，环境保护是一个必要的先决条件。因此，在内因和外因的共同作用下，发展中国家已经把环境保护提到很高的地位，并采取了不少措施。

二、我国环境保护发展趋势

（一）以可持续发展战略为指导

20 世纪 70 年代我国的环境保护指导思想还不够明确，20 世纪 80 年代提出以生态经济学的理论和方法为指导，取得了较好成效。1992 年以后，我国城市环境管理提出以可持续发展战略为指导，将环境与发展紧密结合，方向是正确的，但由于缺乏可操作的目标——指标体系，没有相应的技术手段，因此还只能是方向性的指导。经过几年的探索，联合国于 1997 年提出可持续发展指标体系，世界上一些国家也先后提出一些可持续发展的指标，我国科学家也摸索出适应我国国情的可持续发展的指标体系，并从 1999 年开始每年公布国家可持续发展研究报告。这就为以可持续发展战略为指导提供了可操作的指标体系，为实施可持续发展战略提供了可能性。可持续发展指标体系还会在实践中不断完善与健全，它的指导作用将会发挥得更加充分。

（二）扩展环境保护的范围和内容

一方面我国城市对农村的污染问题还未解决，而农村乡镇企业造成的污染、农业生产中的化肥与农药污染却逐渐突出地表现出来，农村的污染随着农产品进城开始影响居民的健康。另外，广大农村的生态破坏造成的沙尘暴也给城乡环境带来严重的危害。实践证明，中国城市环境管理仅限于城区工业是远远不够的，因此必须扩大到整个城乡才能使我国的环境趋于良性循环，环境管理的工作内容也必须由污染防治向污染防治与生态保护并重的方向转化，国际社会公认的现代化标准中，就有环境方面的标准，而环境方面的标准既有污染防治的内容，也有生态建设与生态保护的内容，其中森林覆盖率与自然保护区面积是两个重要的指标。另外，生物安全和气候变化也给环境带来新的问题和挑战，必须认真对待，尽早制定对策。

（三）城市环境保护参与综合决策

可持续发展战略将经济、社会、生态纳入综合决策，环境保护应积极主动参与综合决策。我国从 20 世纪 90 年代末形成齐抓共管、综合决策、环境投入与公众参与四项环境保护新制度。目前，城市环境应当做好的基础工作，首先是做好生态查，其次是在此基础上制定生态功能区划，然后是编制生态环境建设与保护规划。按要求，各城市生态环境建设与保护规划的规划期是 50 年，这样就可将规划分为 2010 年近期规划、2030 年中期规划和 2050 年远期规划三个阶段。此外，还应尽快开展生态监测工作。做好这些基础性工作，城市环境管理才能取得主动权。

（四）强化政府在环境管理上的职能

更好地运用经济手段和法律手段保护环境在环境管理上，要在两方面有所发展。

①在加强环境法制建设的同时，要更多地利用经济手段来保护环境，主要是要实行资源有偿使用的原则和不断提高排污收费标准。

②要进一步扩大公众参与，加强群众监督，提高公众所应承担环境保护义务的意识。展望未来，如果环境保护投入不足，环境目标未能实现，且环境投入没有相应提高，那么，环境欠账将进一步扩大。加上人口与资源、人口与经济发展的压力，环境形势将更趋严峻，水资源危机会愈演愈烈，大气质量会进一步恶化，固体废弃物污染会急剧加重，自然环境会更加失调，等等，不但会给人民生活和健康造成极大的威胁，也将制约经济进一步发展。为避免上述情况的发生，必须从现在起，在强化环境管理的同时，加大环境投入。要建立既符合中国国情，又有利于持续发展的生产模式、消费模式、贸易模式，努力促使环境与发展的协调统一，以争取早日使得绝大部分城市的环境达到清洁、优美、安静的目标，使环境质量明显改善，自然生态系统进入良性循环。

三、世界环境保护发展策略

21 世纪是全球工业化和城市化高速发展的时期，人类社会在创造巨大物质财富的同时，也付出了沉重的环境代价。

（一）提高全人类的环境保护意识

进入 21 世纪，随着一系列环境问题日益凸显，人类对环境保护重要性的认识正不断加深，当前存在的许多环境问题是 20 世纪工业经济发展滥用资源造成的，最典型的一例就是能源及其他矿物资源的过度开发利用。21 世纪蓬勃发展的信息技术、新能源与可再生能源开发技术新材料合成技术等高新技术，不仅能够开发出新型的资源以供利用，还将促进传统资源的合理、高效、科学利用，使传统资源的利用率得到大幅度的提高。新材料科学正在为许多领域带来日新月异的变化，这将降低资源消耗的速度。

（二）完善法规，加强国际合作

21 世纪环境保护的一个重要趋势是环境保护的国际合作力度进一步加强，全球性环保组织将发挥更大作用，环境立法更加完善，执法体系趋于完备执法力度加大。全球整个环境系统是相互联系、相互影响相互依存的。作为一个自然实体，它并不以国家疆界为限，而只遵循客观的自然规律。它具有典型的互动性和延续性，任何一国对环境的破坏及影响都将是全球性的。这种环境的整体性，使各个国家都必须把自己国家的环境问题同全球性的环境问题联系在一起，以合作的态度来应对。法律是环境保护的强有力的武器。随着全球合作力度的加大和人们对环境保护重要性认识的加深环境保护领域相关法律的制定和执行将加快步伐、加大力度；国际环境问题争端的解决将比以往更易达成共识、更有效率；相关组织机构的设置将逐步趋于健全；环境保护领域法律责任不明确和预防机制缺乏的状况将得到根本改善。

参考文献

[1] 吴忆宁，李永峰. 基础环境化学工程原理 [M]. 哈尔滨：哈尔滨工业大学出版社，2017.

[2] 韦薇. 环境化学概论（第4版）[M]. 北京：北京师范大学出版社，2017.

[3] 苑静，唐文华，蒋向辉. 环境化学教程 [M]. 成都：西南交通大学出版社，2015.

[4] 李国东，刘伟. 环境化学实验技术 [M]. 天津：南开大学出版社，2013.

[5] 李亚宁，李国东. 环境化学与生物学监测实验技术 [M]. 天津：南开大学出版社，2013.

[6] 郎佩珍，袁星，丁蕴铮等. 水环境化学：第二松花江吉林段水中有机污染物研究 [M]. 北京：中国环境科学出版社，2008.

[7] 徐旭，赵科. 解析环境化学 [M]. 呼和浩特：远方出版社，2007.

[8] 王静. 环境化学导论 [M]. 北京：煤炭工业出版社，2007.

[9] 邓南圣，吴峰. 环境化学教程（第二版）[M]. 武汉：武汉大学出版社，2006.

[10] 彭安，朱建国. 稀土元素的环境化学及生态效应 [M]. 北京：中国环境科学出版社，2003.

[11] 于健等. 土壤环境化学调控技术研究与应用 [M]. 北京：科学出版社，2016.

[12] 谢红梅. 环境污染与控制对策 [M]. 成都：电子科技大学出版社，2016.

[13] 李凤英. 环境污染对人和农作物的伤害 [M]. 长沙：中南大学出版社，2016.

[14] 石碧清，赵育，间振华. 环境污染与人体健康 [M]. 北京：中国环境科学出版社，2006.

[15] 林永生. 中国环境污染的经济追因与综合治理 [M]. 北京：北京师范大学出版社，2016.

[16] 何爱红. 土壤环境污染化学与化学修复研究 [J]. 中国资源综合利用，2018，36（12）：96-98.

[17] 关久念，鲁楠，孟祥锋，曲蛟. 环保新形势下环境化学教学模式的探索与实践——以土壤部分为例 [J]. 教育现代化，2018，5（03）：256-257.

[18] 沈俭龙，纪明山，田宏哲. 农药的水环境化学行为研究进展 [J]. 农药，2015，54（04）：248-250.

[19] 张国杰，孙艳红. 绿色化工环保技术与环境治理的关系 [J]. 化工设计通讯，2018，44（09）：224-225.

[20] 赵敏，郝仕臣. 绿色化学与环境 [J]. 化工管理，2018（26）：217-218.